T0194493

essentials

essentials liefern aktuelles Wissen in konzentrierter Form. Die Essenz dessen, worauf es als „State-of-the-Art" in der gegenwärtigen Fachdiskussion oder in der Praxis ankommt. *essentials* informieren schnell, unkompliziert und verständlich

- als Einführung in ein aktuelles Thema aus Ihrem Fachgebiet
- als Einstieg in ein für Sie noch unbekanntes Themenfeld
- als Einblick, um zum Thema mitreden zu können

Die Bücher in elektronischer und gedruckter Form bringen das Fachwissen von Springerautorinnen kompakt zur Darstellung. Sie sind besonders für die Nutzung als eBook auf Tablet-PCs, eBook-Readern und Smartphones geeignet. *essentials* sind Wissensbausteine aus den Wirtschafts-, Sozial- und Geisteswissenschaften, aus Technik und Naturwissenschaften sowie aus Medizin, Psychologie und Gesundheitsberufen. Von renommierten Autorinnen aller Springer-Verlagsmarken.

Jörg Grabow

Multipole - Modellbildung technischer Systeme

Jörg Grabow
Königsee, Deutschland

ISSN 2197-6708 ISSN 2197-6716 (electronic)
essentials
ISBN 978-3-662-67288-4 ISBN 978-3-662-67289-1 (eBook)
https://doi.org/10.1007/978-3-662-67289-1

Die Deutsche Nationalbibliothek verzeichnet diese Publikation in der Deutschen Nationalbibliografie; detaillierte bibliografische Daten sind im Internet über http://dnb.d-nb.de abrufbar.

Planung/Lektorat: Michael Kottusch
Springer Vieweg ist ein Imprint der eingetragenen Gesellschaft Springer-Verlag GmbH, DE und ist ein Teil von Springer Nature.
Die Anschrift der Gesellschaft ist: Heidelberger Platz 3, 14197 Berlin, Germany

Was Sie in diesem *essential* finden können

- Sie lernen Basisgrößen physikalisch-technischer Systeme kennen.
- Konstitutive Gesetze zeigen ihnen die Zusammenhänge zwischen den Basisgrößen auf.
- Sie erhalten einen Überblick über unterschiedliche Energieformen.
- Sie erhalten eine Einführung in die Theorie der Multipole.
- Sie lernen unterschiedliche Wandlerprinzipien kennen.

Vorwort

Der Begriff des mechatronischen Systems wird nicht einheitlich gehandhabt und beschreibt im Allgemeinen ein System, das aus mechanischen, elektronischen und informationstechnischen Komponenten besteht, die miteinander interagieren, um bestimmte Teilfunktionen und Aufgaben zu erfüllen. Dabei sollen durch Synergie-Effekte leistungsfähigere, effizientere und zuverlässigere Systeme geschaffen werden.

Der konsequente Weg zu diesem Ziel wird dabei über ein V-Modell erreicht, wobei die dazu notwendige Modellbildung bisher keiner einheitlichen Systematik unterliegt. Diese Systematik ist jedoch essenziell, um die in mechatronischen Systemen interagierenden Teilsysteme möglichst einheitlich zu beschreiben. Genau an der Stelle setzt dieses *essential* an.

Über grundlegende Ordnungskriterien physikalischer Größen können sehr unterschiedliche Teildisziplinen, welche auf den ersten Blick wenig Gemeinsamkeiten haben, einheitlich beschrieben werden. Weiterhin lassen sich die vereinheitlichten Teilsysteme wiederum über grundlegende Koppelmechanismen zu einem einheitlichen Gesamtsystem verbinden.

Die dazu notwendige Theorie ist nicht besonders schwer und wird schon im Grundstudium der Fachgebiete Mathematik, Physik, Elektrotechnik und Thermodynamik vermittelt.

Dieses *essential* kann dabei nicht auf alle Aspekte im Modellbildungsprozess eingehen. Hier sei auf die Quellenangaben verwiesen. Vielmehr sollen alle notwendigen Grundlagen sehr kompakt und übersichtlich so vermittelt werden, dass ihre Anwendung zum täglichen Handwerkszeug wird.

Februar 2023

Jörg Grabow

Inhaltsverzeichnis

Einführung und Grundbegriffe 1

Die Mechatronik, als ein interdisziplinäres Teilgebiet der Ingenieurwissenschaften, baut unter anderem auf den Grundlagen der klassischen Ingenieurdisziplinen wie Mechanik, Fluiddynamik, Thermodynamik oder Elektrotechnik auf. Jedes dieser Teilgebiete bedient sich, in der Regel historisch bedingt, seiner eigenen physikalischen Grundlagen, um damit ein spezifisches mathematisches Gesamtkonzept zu bilden (Newton-Euler-Mechanik, Bernoulli-Gleichung, Maxwell'schen Gleichungen usw.). Bei der Modellbildung komplexer technischer Systeme stehen jedoch neben einer *einheitlichen* Systembeschreibung die *Wechselwirkungen* der einzelnen Teilsysteme im Vordergrund. Dazu ist es zweckmäßig, auf ein gemeinsam, verbindendes Dynamikkonzept zurückzugreifen, bei dem in allen Teilgebieten der Ingenieurwissenschaften gleichartige, vom Teilgebiet unabhängige Grundgrößen zur Anwendung kommen. Dabei rücken geometrische Systembeschreibungen oder räumliche Koordinaten in den Hintergrund und werden vielmehr durch allgemeine, dynamische Grundgrößen ersetzt. Dieses Konzept geht im deutschsprachigen Raum insbesondere auf Falk (Falk und Ruppel 1976) zurück. In der statistischen Mechanik bzw. der Thermodynamik ist diese Betrachtungsweise schon wesentlich länger etabliert (Gibbs 1902).

Einen zentralen Zugang zum verbindenden Dynamikkonzept bildet die Erhaltungsgröße Energie.

▶ **Energie** Die Energie ist eine mengenartige physikalische Zustandsgröße, gemessen in Joule. Sie kann fließen und ihr Fließmaß ist die Energiestromstärke (Energiefluss). Der Betrag der Energiestromstärke ist die Leistung. Energie fließt nie allein, sondern sie benötigt dazu immer einen Energieträger. Zu jedem Energieträger gehört ein Potenzial.

J. Grabow, *Multipole - Modellbildung technischer Systeme*, essentials,
https://doi.org/10.1007/978-3-662-67289-1_1

1.1 Das Mechatronische System

Der VDI definiert in der Richtlinie 2206 die Mechatronik als synergetisches Zusammenwirken der Fachdisziplinen Maschinenbau, Elektrotechnik und Informationstechnik beim Entwurf und der Herstellung industrieller Erzeugnisse sowie der Prozessgestaltung (VDI/VDE 2206:2021). Als Entwicklungsmethodik wird in der Richtlinie das V-Modell empfohlen. Die äußere Schicht des V-Modells betrifft die Modellbildung und Analyse. Allerdings wird dabei offengelassen, wie die Modellbildung konkret erfolgt. An dieser Stelle soll das vorliegende *essential* ansetzen.

Ein *Mechatronisches System* ist eine Abstraktion eines realen technischen Systems, zerlegt in sinnvolle Teilsysteme, welche über unterschiedliche Kopplungen miteinander agieren (Abb. 1.1).

Um sowohl alle Teilsysteme als auch die Kopplungen der Teilsysteme einheitlich, systemübergreifend zu beschreiben, bedarf es einer geeigneten mathematisch-physikalischen Methode. Diese Methode soll dabei die Abstraktionsebene der konzentrierten und der verteilten Parameter gleichermaßen abdecken. Wir wollen diese Methode **Modellbildung über Multipole nennen.**

Wie in der Einleitung kurz angerissen, bildet die Energie den zentralen Zugang zur Methode der Multipole. Das verkoppelte technische System (Abb. 1.1) ist nachfolgend unter dem Aspekt der Energie und dem Energieaustausch zu betrachten (Abb. 1.2).

Aus physikalischer Sicht kann die folgende Zielstellung formuliert werden:

> **Zielstellung** Gesucht ist die Zerlegung eines technischen Gesamtsystems in der Art, dass die Gesamtenergie E in einem abgeschlossenen System in einzelne, unabhängige Energieanteile

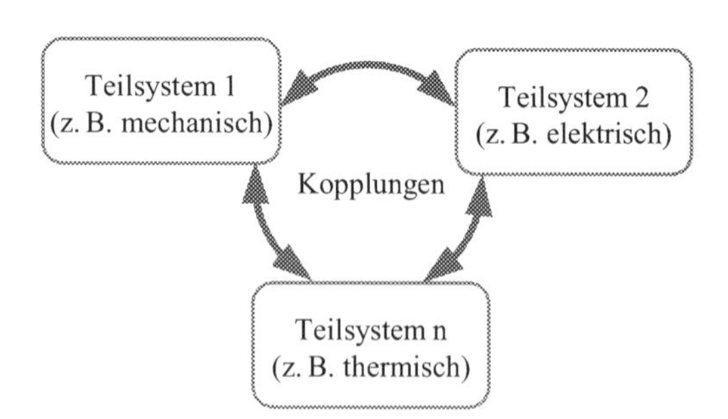

Abb. 1.1 Abstraktion eines verkoppelten technischen Systems

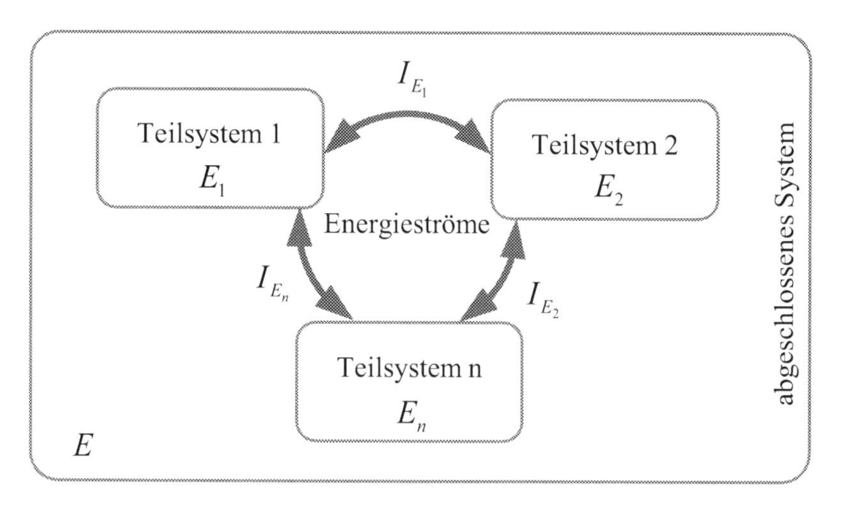

Abb. 1.2 Abstraktion eines verkoppelten technischen Systems aus energetischer Sicht

zerlegt werden kann. Ist das der Fall, so liegen n unabhängige Teilsysteme vor, welche ausschließlich über Energieströme miteinander gekoppelt werden können.

Auf den ersten Blick scheint die Aufgabenstellung trivial. Wir werden jedoch im Folgenden sehen, dass die Energieaddition Gl. (1.1) nicht allgemeingültig ist. Erst durch eine spezielle Konstruktion von Basissystemen kann diese Zielstellung erreicht werden.

$$E = E_1 + E_2 + \cdots + E_n \tag{1.1}$$

1.2 Energieänderungen

Wie in Abb. 1.2 dargestellt, bilden die Energieströme I_{En} das verbindende Element der n Teilsysteme. Den Energiestrom berechnen wir einheitlich über die Zeitableitung der Energie.

$$I_E = \frac{dE}{dt} \tag{1.2}$$

Dazu betrachten wir einige ausgewählte Energieänderungen bekannter technischer Systeme (Tab. 1.1).

Tab. 1.1 Beispiele für Energieänderungen

Teilsystem	Energieänderung	Bezeichnung
Mechanik	$dW_m = -Fds$	Mechanische Arbeit
Elektrotechnik	$dE_{el} = UdQ_{el}$	Energieänderung Kondensator
Thermodynamik	$dU = TdS$	Innere Energie
	$dW^{(a)} = -pdV$	Äußere Arbeit

Für die Energieänderung in einem Gesamtsystem liegt es nahe, alle einzeln aufgeführten Energieänderungen zu summieren.

$$dE = dW_m + dE_{el} + dU + dW^{(a)}$$

Diese Zerlegung ist, wie in Abschn. 1.1 schon angemerkt, nicht allgemeingültig. Anschaulich kann das damit erklärt werden, dass einzelne Teilenergieänderungen voneinander abhängig sein können. Allgemeingültig ist jedoch die folgende Schreibweise Gl. (1.3).

$$dE = -Fds + UdQ + TdS - pdV \tag{1.3}$$

1.3 Unterscheidungsmerkmale physikalischer Größen

Nach Kant (1781) können physikalischen Größen in zwei Kategorien aufgeteilt werden. Zu einer Kategorie gehören alle quantitativen Größen und zur anderen Kategorie alle qualitativen Größen. Im Bereich der Modellbildung wollen wir zukünftig von **Quantitäts-** und **Intensitätsgrößen** sprechen.

1.3.1 Quantitätsgrößen q

Quantitätsgrößen, auch extensive oder abzählbare Größen, sind physikalische Größen, die von der Größe des betrachteten Systems abhängen. Ihnen lassen sich die folgenden Eigenschaften zuordnen:

- additiv bei Kontakt
- können gezählt werden
- können durch Zählen gemessen werden

Ein Beispiel für eine Quantitätsgröße ist das Volumen (Abb. 1.3). Weitere Quantitätsgrößen sind z. B. die elektrische Ladung, die Entropie, die schwere Masse oder der Weg.

1.3.2 Intensitätsgrößen i

Intensitätsgrößen, auch intensive oder qualitative Größen, sind physikalische Größen, welche unabhängig von der Größe des betrachteten Systems sind. Ihnen lassen sich die folgenden Eigenschaften zuordnen:

- mittelnd (ausgleichend) bei Kontakt
- lassen sich vergleichen
- können nicht gezählt werden
- lassen sich nur berechnen

Ein Beispiel für eine Intensitätsgröße ist die Temperatur (Abb. 1.4). Weitere Intensitätsgrößen sind z. B. der Druck, die Kraft oder die elektrische Spannung.

In einem weiteren Beispiel betrachten wir ein elektrisches Netzwerk aus zwei unterschiedlich geladenen Kapazitäten, welche zum Zeitpunkt t_0 miteinander über einen Schalter verbunden werden (Abb. 1.5).

Die elektrische Ladung ist eine Erhaltungsgröße. Die Gesamtladung des Systems muss also vor und nach dem Schaltvorgang gleich sein.

V = 100 m³
70 m³
30 m³
70 m³
+
30 m³
Bilanzraum
Teilung
Kontakt

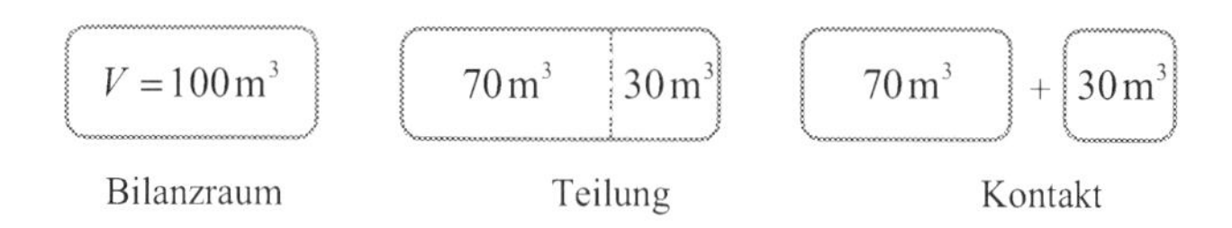

Abb. 1.3 Das Volumen als Quantitätsgröße

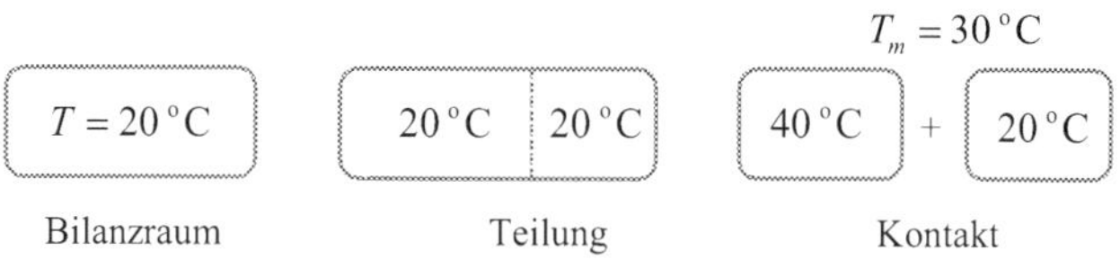

T_m = 30 °C
T = 20 °C
20 °C
20 °C
40 °C
+
20 °C
Bilanzraum
Teilung
Kontakt

Abb. 1.4 Die Temperatur als Intensitätsgröße

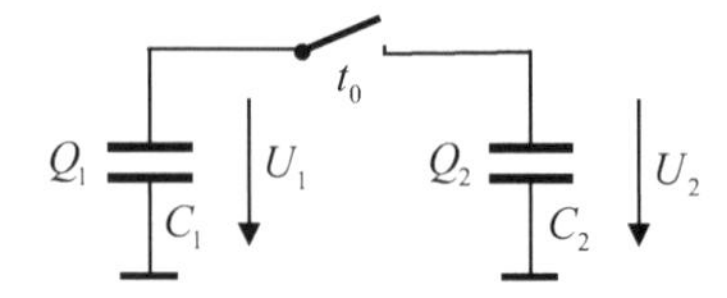

Abb. 1.5 Netzwerk mit zwei Kapazitäten

$$Q_0 = Q_1 + Q_2 \tag{1.4}$$

Die Einzelkapazitäten C_1 und C_2 addieren sich nach dem Schaltvorgang zu einer Gesamtkapazität (Parallelschaltung). Nach dem Schaltvorgang stellt sich aufgrund des kapazitiven Gesetzes eine neue Spannung U_0 ein.

$$\begin{aligned} Q_0 &= C_0 \cdot U_0 \\ C_1 \cdot U_1 + C_1 \cdot U_1 &= (C_1 + C_2) \cdot U_0 \end{aligned} \tag{1.5}$$

Zur Vereinfachung nehmen wir an, dass $C_1 = C_2 = C$ ist. Damit folgt:

$$U_0 = \frac{U_1 + U_2}{2} \tag{1.6}$$

Die Intensität Spannung mittelt sich bei Kontakt (Schaltvorgang). Die Quantität Ladung wird bei Kontakt addiert.

1.4 Die GIBBS'sche Fundamentalform

Betrachten wir die Energieänderungen aus Gl. (1.3), so können wir die Unterscheidungsmerkmale Quantität und Intensität auf die Energieänderungen anwenden (Tab. 1.2).

Mit der Zuordnung der Eigenschaften zur jeweiligen physikalischen Größe, nimmt die Energieänderung die nachfolgende Form an. Diese Summe Gl. (1.7) wird auch als GIBBS'sche Fundamentalform (Falk 1990) bezeichnet.

Tab. 1.2 Zuordnung von Quantitäten und Intensitäten

Nr. j	Energieänderung	Intensitäten	Quantitäten
1	$-Fds$	$i_1 = (-F)$	$q_1 = s$
2	UdQ	$i_2 = U$	$q_2 = Q$
3	TdS	$i_3 = T$	$q_3 = S$
4	$-pdV$	$i_4 = (-p)$	$q_4 = V$

$$dE = \sum_{j=1}^{n} i_j \cdot dq_j \tag{1.7}$$

Sind in einem betrachteten Gesamtsystem alle beteiligten Energieformen *unabhängig* voneinander, so gilt:

$$dE_n(q) = i_n \cdot dq_n \tag{1.8}$$

Liegen in einem betrachteten Gesamtsystem *abhängige* Energieformen vor, so wird die jeweilige Energieänderung über ein unvollständiges Differential ausgedrückt.

$$\delta E_n(q) = i_n \cdot dq_n \tag{1.9}$$

Sind in einem betrachteten Gesamtsystem alle Energieformen $E(q_1, \cdots q_n)$ gegeben, können die zugehörigen paarweisen Intensitätsgrößen durch partielle Differentiation gewonnen werden (Gl. 1.10).

$$i_n = \frac{\partial E(q_1, \cdots q_n)}{\partial q_n} \tag{1.10}$$

Die Gl. (1.10) wird auch als Zustandsgleichung bezeichnet. Das folgende Beispiel zeigt die Anwendung der Zustandsgleichung bei zwei Energieformen.

$$dE(q_1, q_2) = i_1 dq_1 + i_2 dq_2$$

$$i_1 = \frac{\partial E(q_1, q_2)}{\partial q_1}; \; i_2 = \frac{\partial E(q_1, q_2)}{\partial q_2}$$

In der Thermodynamik wird für die Differentialquotienten oft eine alternative Schreibweise verwendet, welche hier an geeigneter Stelle zur Anwendung kommen soll.

$$i_1 = \left(\frac{\partial E}{\partial q_1}\right)_{q2}; \; i_2 = \left(\frac{\partial E}{\partial q_2}\right)_{q1}$$

1.4.1 Zerlegbarkeit von Systemen

An dieser Stelle bietet es sich an, die Frage nach der Zerlegbarkeit des energetischen Gesamtsystems in energetische Teilsysteme zu beantworten.

In einem Beispiel soll ein bewegter Körper mit der Masse m potenzielle und kinetische Energie besitzen.

$$E(s, p) = E_{pot}(s) + E_{kin}(p) \tag{1.11}$$

Die zugehörige GIBBS'sche Fundamentalform lautet:

$$dE(s, p) = -Fds + vdp \tag{1.12}$$

In diesem System hängt die Intensität v ausschließlich vom Impuls p ab und nicht noch zusätzlich vom Weg s. Weiterhin hängt die Intensität F ausschließlich vom Weg s ab und nicht noch zusätzlich vom Impuls p. Mathematisch ausgedrückt bedeutet das

$$\frac{\partial v(p, s)}{\partial s} = -\frac{\partial F(p, s)}{\partial p} = 0.$$

Allein die Abhängigkeiten der beiden Intensitäten v und F haben zur Folge, dass die Gesamtenergie in zwei Teilenergieanteile Gl. (1.11) zerlegbar ist.

Das diese Bedingung im Allgemeinen nicht immer erfüllt ist, zeigt das Beispiel eines Festkörpers unter dem Einfluss von Temperatur und Druck.

$$dE(S, V) = -pdV + TdS$$

Die beiden inversen Suszeptibilitäten (siehe Abschn. 1.6) sind ungleich null. Ein Körper ändert seine Temperatur bei Volumenänderung bzw. seine Entropie bei Druckänderung.

$$\frac{\partial^2 E(S, V)}{\partial V \partial S} = \frac{\partial T(S, V)}{\partial V} \neq 0$$
$$\frac{\partial^2 E(S, V)}{\partial S \partial V} = -\frac{\partial p(S, V)}{\partial S} \neq 0$$

Somit ist keine Zerlegung in zwei unabhängige Energieformen möglich. Gemäß Gl. (1.9) müssen wir in diesem Fall schreiben:

$$dE = \underbrace{i_1 dq_1}_{\delta E_1} + \underbrace{i_2 dq_2}_{\delta E_2}$$

1.4.2 Punkteigenschaften physikalischer Größen

Alle physikalischen Größen unterscheiden sich zusätzlich durch Eigenschaften, welche sich durch die Messung oder Berechnung ergeben. Können Größen genau in **einem** Raumpunkt gemessen, gezählt oder berechnet werden, so sprechen wir von einer P-Variable oder einer **Einpunktvariable** (P von lat. per, durch).

Beispiel: Einpunktvariable

Die elektrische Ladung Q wird in genau einem Punkt gemessen.

Der elektrische Strom I wird an einem Punkt der Leitung berechnet. ◄

Benötigen wir für die Bestimmung der physikalischen Größe mindestens **zwei** Raumpunkte, so bezeichnen wir diese Größe als T-Variable oder **Zweipunktvariable** (T von lat. trans, über).

Beispiel: Zweipunktvariable

Der Weg s wird durch zwei Punkte gemessen.

Die Geschwindigkeit v wird durch zwei Punkte sowie die Zeit zwischen beiden Punkten berechnet. ◀

Gleichzeitig behalten alle physikalischen Größen weiterhin ihre Quantitäts- oder Intensitätseigenschaften. Die Punkteigenschaften der physikalischen Größen sollen zukünftig als Index die Quantitäts- und Intensitätseigenschaften ergänzen.

Beispiel: Eigenschaften von physikalischen Größen

Elektrische Spannung	$U = i_T$
Kraft	$F = i_P$
Weg	$s = q_T$
elektrische Ladung	$Q = q_P$ ◀

Mit den so eingeführten Punkteigenschaften kann die GIBBS'sche Fundamentalform in zwei Summanden unterteilt werden. Dabei besitzen die paarweise energiekonjugierten Größen Intensität und Quantität immer wechselseitige Punkteigenschaften Gl. (1.13).

$$dE = \underbrace{\sum_{j=1}^{n} i_T^j \cdot dq_P^j}_{dE_P} + \underbrace{\sum_{k=1}^{m} i_P^k \cdot dq_T^k}_{dE_T} \tag{1.13}$$

Mit dem Euler-Theorem ergeben sich einige nützliche Rechenregeln für Quantitäts- und Intensitätsgrößen.

Definition Quantitätsgrößen haben die Homogenität 1
Intensitätsgrößen haben die Homogenität 0

$$\frac{dq_P^1}{dq_T^2} =: i_P$$

$$\frac{dq_T^1}{dq_T^2} =: i_T$$

Mit dieser Definition kann dem ersten Summanden der GIBBS'schen Fundamentalform eine P-Energieänderung dE_P und dem zweiten Summanden eine T-Energieänderung dE_T zugeordnet werden Gl. (1.13).

1.5 Basisgrößen physikalisch – technischer Systeme

1.5.1 Die Primärgröße X

Wir wollen neben den bisherigen Unterscheidungsmerkmalen für Quantität und Intensität ein weiteres, gewissermaßen verschärfendes, Unterscheidungsmerkmal für physikalische Größen einführen.

Die Werte physikalischer Größen beziehen sich meist auf räumlich-geometrische Objekte (Hermann 2018). Die Temperatur oder der Druck beziehen sich auf Meßpunkte, die elektrische Spannung auf eine Linie, und die Stromstärke auf eine Fläche. Größen wie die Masse, die Energie, die Entropie oder der Impuls beziehen sich auf einen Raumbereich (Quantitätsgrößen). Gleichzeitig beziehen sich Größen wie die Masse oder die Entropie auch auf ein Stoffmodell. In einem bestimmten Raumbereich gibt es also eine abzählbare Menge eines bestimmten Stoffes.

Physikalische Größen, welche sich neben der Quantitätseigenschaft auch noch einem Stoffmodell zuordnen lassen, wollen wir **mengenartige** Größen oder **Primärgrößen** X nennen.

Eine **Primärgröße** X hat damit die folgenden Eigenschaften:

- X ist eine Quantitätsgröße (abzählbar).
- X ist einem Raumbereich zugeordnet.
- X besitzt eine Dichte (Stoffdichte).
- X besitzt einen Strom.

Sehen wir uns die Eigenschaften von Materie (Stoff) unter diesem Ordnungskriterium an, so erkennen wir vier Eigenschaftskategorien für die Primärgröße X (Tab. 1.3).

Neben der Eigenschaft der Quantität hat die Primärgröße X zusätzlich die messtechnische Eigenschaft (Abb. 1.6) einer Variable (P-Variable).

Die in Tab. 1.3 aufgelisteten ersten sieben Primärgrößen (die Energie hat eine Sonderrolle, siehe Abschn. 4.2) bilden die Basis der gesuchten unabhängigen Energieanteile.

Tab. 1.3 Ordnungskriterium der Primärgrößen

Nr	Physikalische Größe	Formelzeichen	Kategorie
1	Impuls	p	mechanische Eigenschaften
2	Drehimpuls	L	
3	schwere Masse	m_s	
4	elektrische Ladung	Q_{el}	elektrische Eigenschaften
5	magnetische Polstärke	Q_m	
6	Entropie	S	thermische Eigenschaften
7	Stoffmenge	N	
8	*Energie*	E	übergeordnete Eigenschaft (Sonderrolle)

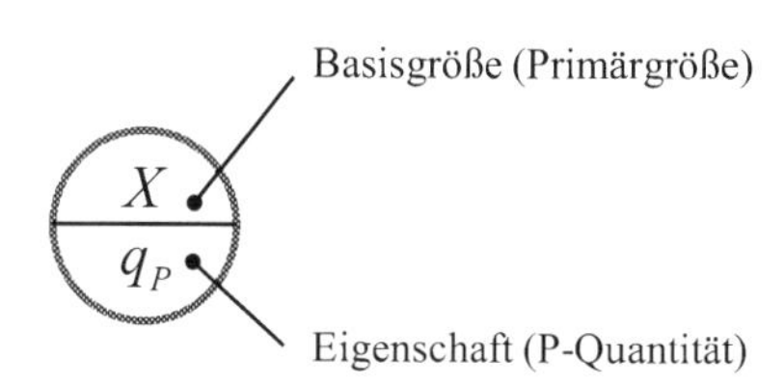

Abb. 1.6 Darstellung einer Basisgröße und ihrer Eigenschaften

1.5.2 Die Potenzialgröße Y

Ist eine unabhängige Energieform $E(q_n)$ gegeben, kann über die Zustandsgleichung Gl. (1.10) die zugehörige Intensitätsgröße ermittelt werden. Für eine unabhängige Energieform wird eine der sieben Primärgrößen X eingesetzt. Die so gewonnene Intensität ist eine Potenzialgröße Y mit einer Zweipunkteigenschaft Gl. (1.14).

$$Y = \frac{dE_P(X)}{dX} \tag{1.14}$$

Der Zusammenhang zwischen der Primärgröße, der Energie und der Potenzialgröße wird grafisch in Abb. 1.7 sichtbar.

Die Energie E_P ist tatsächlich eine unabhängige Energieform, da sie ausschließlich von der Primärgröße X abhängt.

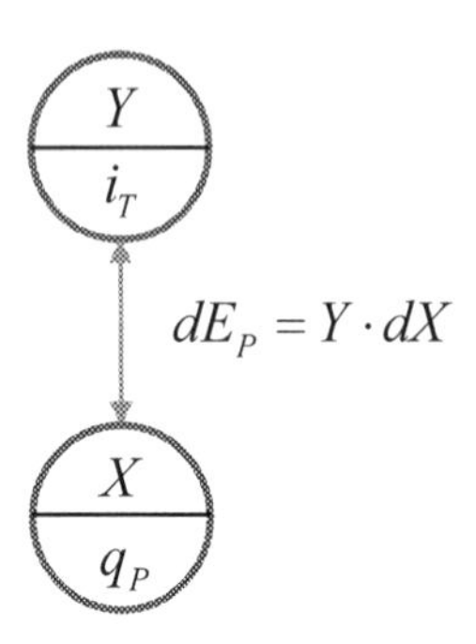

Abb. 1.7 Zusammenhang zwischen Primär- und Potenzialgröße

1.5.3 Der Trägerstrom I_X

Mit der Primärgröße X als mengenartige Größe ist ein Strom (Stoffstrom oder Mengenstrom verbunden. Dieser tritt immer dann auf, wenn sich die Menge der Primärgröße über die Zeit verändert Gl. (1.15).

$$I_X = \frac{d}{dt}X \tag{1.15}$$

Da die Primärgröße die Homogenität eins besitzt, hat die Ableitung der Primärgröße nach der Quantität die Homogenität null (Euler-Theorem). Genau diese Eigenschaft trifft auf Intensitätsgrößen zu. Die Flussgröße I_X (Mengenstrom) der Primärgröße X hat die Eigenschaft einer Intensität und ist in einem Punkt bestimmbar (Einpunktvariable). Das Produkt aus der Flussgröße und dem Potenzial bildet den zu- oder abfließenden Energiestrom des unabhängigen Energiespeichers Gl. (1.16).

$$I_E = I_X \cdot \varphi \tag{1.16}$$

Einen Zusammenhang der drei Basisgrößen X, Y, und Ex zeigt Abb. 1.8.

1.5.4 Das Extensum Ex

Bei der Einführung der GIBBS'schen Fundamentalform haben wir festgestellt, dass die paarweisen energiekonjugierten Größen wechselseitige Punkteigenschaften besitzen Gl. (1.13). Somit liegt es nahe, den zugehörigen energiekonjugierten Partner zur Flussgröße I_X zu bilden. Um wiederum eine Energieform zu erhalten, muss der Partner die Eigenschaft einer Quantität als Zweipunktvariable q_T besitzen. Diese Größe nennen wir das Extensum.

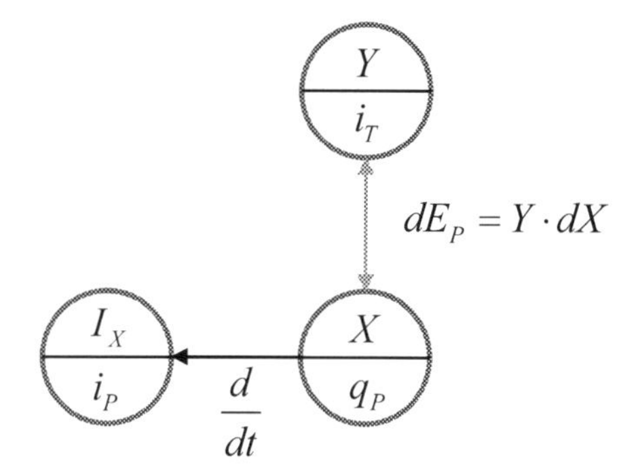

Abb. 1.8 Zusammenhang der drei Basisgrößen ***X***, ***Y***, und ***Ex***

Obwohl das Extensum eine Quantität ist (abzählbar), erfüllt es nicht die Eigenschaften einer Primärgröße. Für das Extensum fehlt der Stoffbezug. Einen vollständigen Zusammenhang aller vier Basisgrößen zeigt Abb. 1.9.

1.5.5 Die Energieänderung im Basissystem

Wie aus Abb. 1.9 ersichtlich, beinhaltet ein Basissystem zwei unabhängige Energiespeicher E_T und E_P. Die beiden Energieformen sind tatsächlich unabhängig voneinander, da die Energie im P-Speicher nur von der Primärgröße X und der Potenzialgröße Y abhängt und die Energie im T-Speicher nur vom

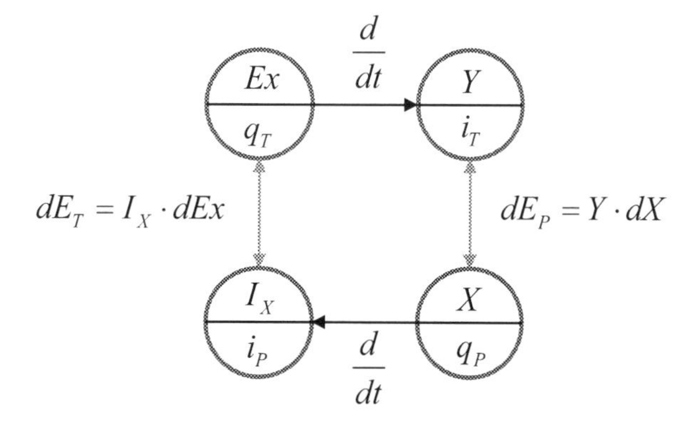

Abb. 1.9 vollständiger Zusammenhang der vier Basisgrößen

Tab. 1.4 Basisgrößen und ihre Eigenschaften

Grundgröße	Formelzeichen	Eigenschaften	Energievariable	Leistungs-variable
Primärgröße	X	P-Quantität	q_P	–
Potenzialgröße	Y	T-Intensität	i_T	e (effort)
Flussgröße	I_X	P-Intensität	i_P	f (flow)
Extensum	Ex	T-Quantität	q_T	–

Extensum Ex und der Flussgröße I_X. Die Energieänderung in einem Basissystem kann somit wie folgt zusammengefasst werden Gl. (1.17).

$$dE = \underbrace{Y \cdot dX}_{i_T \cdot dq_P} + \underbrace{I_X \cdot dEx}_{i_P \cdot dq_T} \tag{1.17}$$

Zur vollständigen Beschreibung eines Basissystems reichen immer zwei Basisgrößen I_X und Y oder X und Ex aus, da die jeweils zugehörige Größe mit der gleichen Punkteigenschaft aus der Integration oder der Differentiation gewonnen werden kann. In den meisten Beschreibungen zur Multipol-Modellbildung werden die beiden Basisgrößen I_X und Y verwendet, da über sie auch sehr einfach die **Leistung** ausgedrückt werden kann. Sie werden deshalb oft auch als Leistungsvariablen bezeichnet. Einen Überblick über alle vier Basisgrößen zeigt Tab. 1.4.

- Es existieren sieben Energieträger (Primärgrößen).
- Energie und Primärgröße bilden die Potenzialgröße über die Zustandsgleichung.
- Die Zeitableitung der Primärgröße ergibt die Flussgröße.
- Die Flussgröße und Extensum bilden eine weitere Energieform.
- Die Energieänderung eines Basissystems wird durch die GIBBS'sche Fundamentalform beschrieben.

1.6 Konstitutive Gesetze

Die GIBBS'sche Fundamentalform beschreibt die Energieänderung in einem Basissystem. Die dabei auftretenden Grundgrößen wurden so gewählt, dass in einem Basissystem genau zwei unabhängige Energieformen existieren. Somit bleibt die Frage offen, wo diese beiden Energieformen gespeichert werden.

Energiespeicher Ein Energiespeicher ist ein physikalisches System, das mit anderen Systemen beliebige Mengen der Größe q_j zusammen mit den zugehörigen Energiemengen $i_j \cdot dq_j$ austauschen kann, ohne dabei seine Intensität i_j zu verändern.

Die Energie in einem so aufgebauten Speicher kann immer über Gl. (1.18) bestimmt.

$$E = \int i_j(q_j)dq_j \tag{1.18}$$

Dabei gibt die Punkteigenschaft der Quantität die Namenskonvention der Energie vor.

Trägt man die Intensität in Abhängigkeit der Quantität in einem Diagramm auf (Abb. 1.10), so kann an einem beliebigen Punkt *AP* (Stetigkeit der Funktion vorausgesetzt) die Ableitung u_{AP} bestimmt werden.

Den Kehrwert des Anstieges nennen wir **verallgemeinerte Suszeptibilität** der unabhängigen Energieform Gl. (1.19).

$$\chi^{qi} = \frac{1}{u} = \frac{dq}{di} \tag{1.19}$$

Unter Berücksichtigung der Zustandsgleichung Gl. (1.10) kann der Kehrwert der Suszeptibilität auch direkt aus der Energie gewonnen werden.

$$\frac{d^2E(q)}{dq^2} = \frac{i(q)}{dq} = \frac{1}{\chi^{qi}} \tag{1.20}$$

Die Funktion $i(q)$ ist im Allgemeinen eine nichtlineare Funktion (Abb. 1.10). Somit ist die Suszeptibilität selbst eine Funktion der Quantität. Nur bei einer

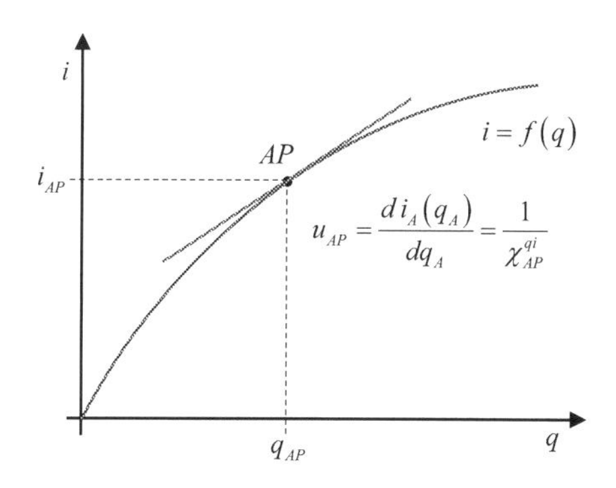

Abb. 1.10 Anstieg der der Intensitätsfunktion in einem Arbeitspunkt AP

linearen Funktion $i(q)$ sind die Suszeptibilitäten konstant. Ansonsten spricht man auch von differentiellen Suszeptibilitäten im Arbeitspunkt.

1.6.1 Die verallgemeinerte Kapazität

Für die verallgemeinerte Kapazität betrachten wir ausschließlich die Energie im P-Speicher Gl. (1.21).

$$E_P = \int Y(X)\,dX \tag{1.21}$$

Die zugehörige Suszeptibilität nennen wir Kapazität, die Gl. (1.22) das kapazitive Gesetz.

$$C = \frac{dX(Y)}{dY} \tag{1.22}$$

Der Begriff Kapazität kann auf das lateinische Wort *capacitas* (Fassungsvermögen) zurückgeführt werden. Er beschreibt die Eigenschaft, P-Energie zu speichern. Ist die Quantität $X(Y)$ eine lineare Funktion, so ist die zugehörige Kapazität eine Konstante (Abb. 1.11).

1.6.2 Die verallgemeinerte Induktivität

Für die verallgemeinerte Induktivität wird ausschließlich die Energie im T-Speicher betrachtet Gl. (1.23)

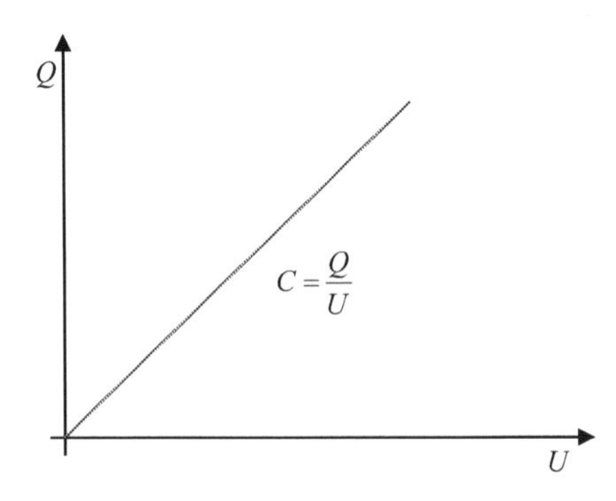

Abb. 1.11 Beispiel einer konstanten Kapazität

$$E_T = \int I_X(E_X)dEx \tag{1.23}$$

Die zugehörige Suszeptibilität nennen wir Induktivität, die Gl. (1.24) das induktive Gesetz.

$$L = \frac{dEx(I_X)}{dI_X} \tag{1.24}$$

Der Begriff Induktivität kann auf das lateinische Wort *inertia* (Trägheit) zurückgeführt werden. Die Induktivität beschreibt die Eigenschaft, T-Energie zu speichern. Ist die Quantität $Ex(I_X)$ eine lineare Funktion, so ist die zugehörige Induktivität konstant. Im Falle einer nichtlinearen Funktion spricht man von einer differentiellen Induktivität (Abb. 1.12).

1.6.3 Der verallgemeinerte Widerstand

Neben den beiden Energiespeichern kann die im Basissystem enthaltene Energie über Dissipation in Wärme umgewandelt werden. An diesem Prozess sind nur die beiden Intensitäten beteiligt (Abb. 1.13). Auch hier bilden wir einen Differentialquotienten, welcher jedoch keine Suszeptibilität darstellt.

Diesen Differentialquotienten nennen wir den Widerstand, die zugehörige Gl. (1.25) das resistive Gesetz. Der Begriff Widerstand kann auf das lateinische Wort *resistere* (widerstehen) zurückgeführt werden und beschreibt die Eigenschaft Energie zu dissipierten.

$$R = \frac{dY(I_X)}{dI_X} \tag{1.25}$$

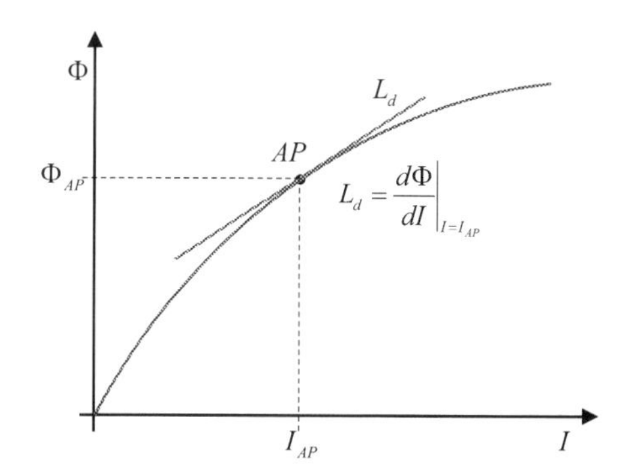

Abb. 1.12 Beispiel einer differentiellen Induktivität

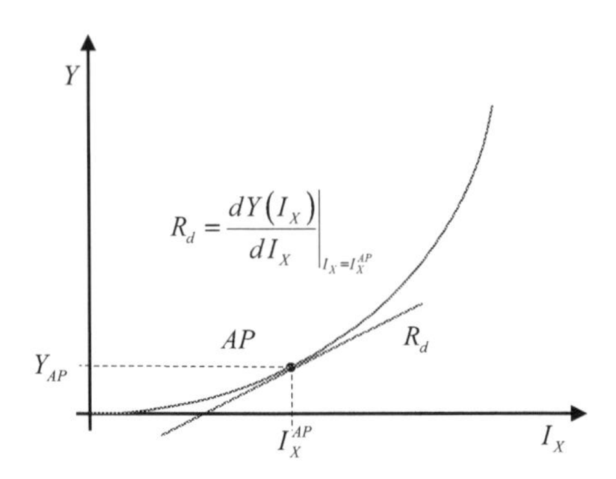

Abb. 1.13 Beispiel eines differentiellen Widerstandes

Die zugehörige Prozessleistung wird über das Produkt beider Intensitätsgrößen beschrieben Gl. (1.26).

$$P = Y(I_X) \cdot I_X \tag{1.26}$$

1.6.4 Der verallgemeinerte Memristor

Analog zum resistiven Bildungsgesetz kann aus den beiden verbleibenden Quantitätsgrößen ein weiterer Differentialquotient gebildet werden Gl. (1.27).

$$M = \frac{dEx(X)}{dX} \tag{1.27}$$

Dieser Differentialquotient wird nach Leon Chua (1971) als Memristor bezeichnet. Das ursprüngliche Konzept von Chua bestand aus einem nichtlinearem Bauelement, welches ausschließlich die beiden Quantitäten magnetischen Fluss und elektrische Ladung miteinander verband.

$$M_{el} = \frac{d\phi(Q_{el})}{dQ_{el}} \tag{1.28}$$

In Gl. (1.28) können beide Quantitäten durch ihre Zeitableitung ersetzt werden (Abb. 1.9).

$$\begin{aligned} d\phi &= U(t)dt \\ dQ_{el} &= I(t)dt \end{aligned} \tag{1.29}$$

Hält man die Zeit $t = t_0$ konstant, so verhält sich der Memristor exakt wie ein Widerstand, allerdings hängt sein Widerstandswert von der Vergangenheit des Stromes ab.

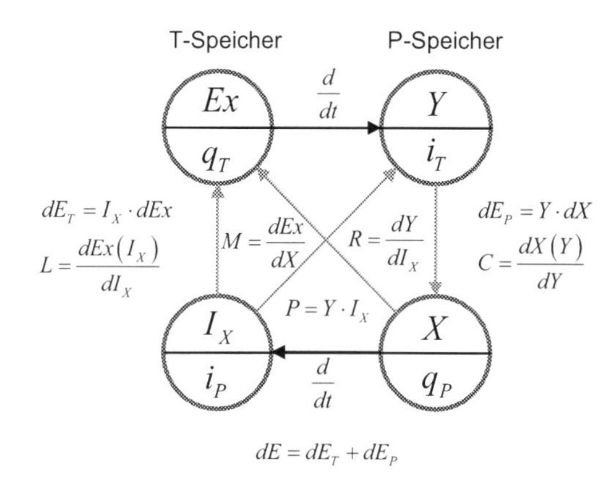

Abb. 1.14 vollständiges Basissystem

$$M_{el}(t_0) = \frac{U(t_0)}{I(t_0)} = R_{el}(t_0) \tag{1.30}$$

Ist der Memristor linearer, so kann er nicht von einem Widerstand unterschieden werden.

Mit den konstitutiven Gesetzen aus Abschn. 1.6 kann das bisherige Basissystem eines energetischen Teilsystems um seine Energiespeicher sowie die Dissipation vervollständigt werden (Abb. 1.14).

1.7 Räumliche Verteilung der Basisgrößen

Die bisherige Betrachtung der Basisgrößen konzentrierte sich ausschließlich auf die energetischen Eigenschaften des unabhängigen Basissystems. Räumliche Verteilungen oder weitere geometrische Aspekte spielten keine Rolle. Für die Ableitung der Basisgrößen aus der Primärgröße oder die Ableitung der konstitutiven Gesetze war es unerheblich, wo zum Beispiel der mechanische Impuls oder die Temperatur eines thermischen Systems zu lokalisieren sind. Um zukünftig eine räumliche Verteilung zu berücksichtigen, werden die zwei lokalen geometrischen Größen Bezugslänge s_L und Bezugsfläche A_L eingeführt. Verdeutlicht werden soll diese Erweiterung an einem einfachen Zugstab (Abb. 1.15).

Ein Stab der Länge l sei dazu an seinem linken Ende fest eingespannt. Das rechte Ende wird mit einer konstanten Kraft F in Richtung der Stabachse belastet. Die Mechanik kennt dazu das Modell der Spannungszustände. Im Falle eines ein-

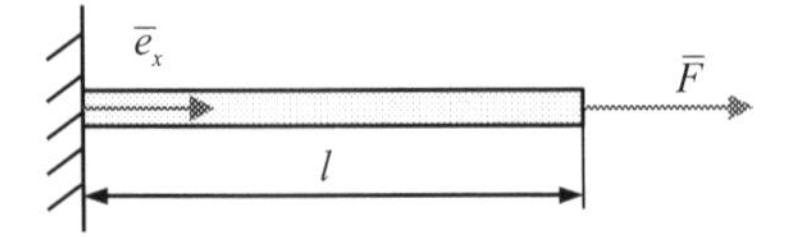

Abb. 1.15 einseitig eingespannter Zugstab mit Einzellast am Ende

achsigen Spannungszustandes bewirkt die Kraft F an der senkrechten Bezugsfläche A_L eine Normalspannung. Das Ende des Stabes wird dabei um die Länge Δl durch die Kraft verlängert (Abb. 1.16). Der Quotient aus Δl zu l wird als Dehnung ε bezeichnet Gl. (1.31). Die Länge l des Stabes entspricht der Bezugslänge s_L.

$$\varepsilon(l) = \frac{\Delta l}{l} = \frac{s}{s_L} \tag{1.31}$$

Bei einem Übergang von einem globalen auf ein lokales Basissystem werden das Extensum und die Potenzialgröße auf die Bezugslänge und die Flussgröße und die Primärgröße auf die Bezugsfläche bezogen (Abb. 1.17). Alle anderen Beziehungen inklusive der konstitutiven Gesetze bleiben dabei unverändert.

Die Energie beider unabhängigen Energiespeicher wird durch diese Erweiterung zur Energiedichte. Die Suszeptibilitäten erhalten eine andere physikalische Bedeutung und aus dem Widerstand wird der spezifische Widerstand. Das Basissystem für den mechanischen Impuls würde damit die folgende Form annehmen (Abb. 1.18).

Wird in einem globalen Basissystem die elastische Energie im Modell einer mechanischen Feder gespeichert, so findet die lokale Energiespeicherung nun im Elastizitätsmodul statt. Eine äquivalente Interpretation gilt für alle weiteren Basissysteme. Exemplarisch sei noch das lokale Basissystem der Primärgröße elektrische Ladung skizziert (Abb. 1.19).

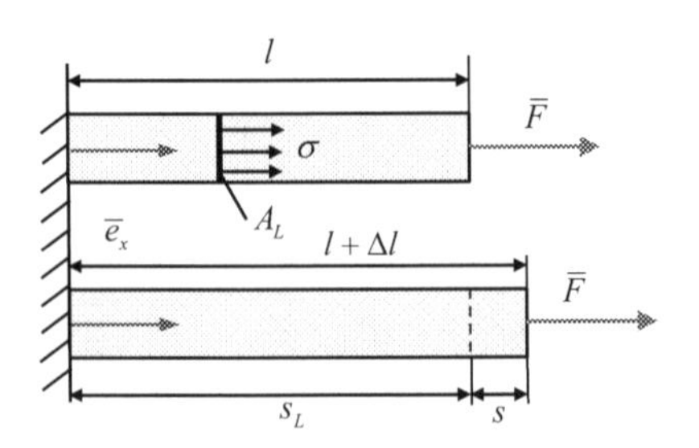

Abb. 1.16 einseitig eingespannter Zugstab (einachsiger Spannungszustand)

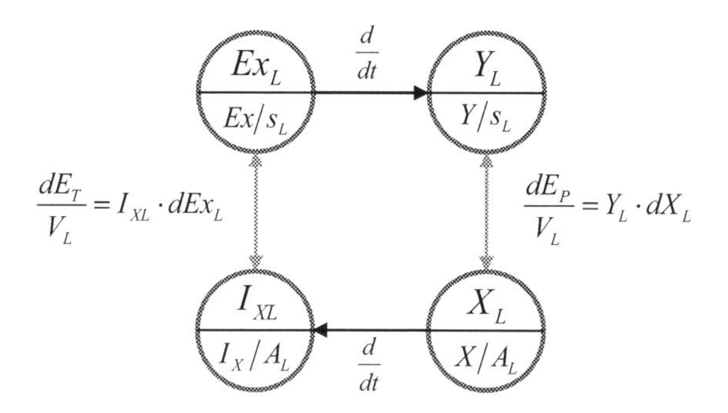

Abb. 1.17 lokales Basissystem

Abb. 1.18 lokales mechanisches Basissystem

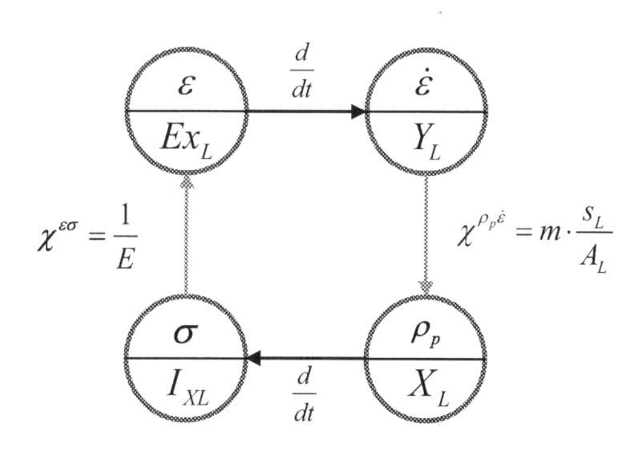

Abb. 1.19 lokales elektrisches Basissystem

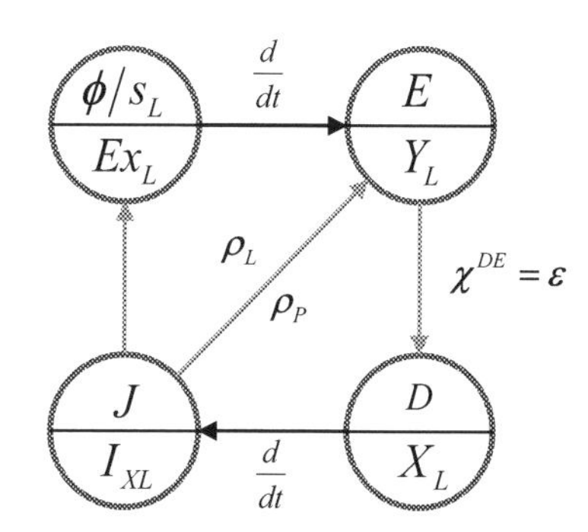

Aus der Primärgröße elektrische Ladung wird die dielektrische Verschiebung, aus dem Strom die Stromdichte und aus der Spannung die elektrische Feldstärke. Der magnetische Fluss bezogen auf die Bezugslänge hat keine eigene Bezeichnung. Die Suszeptibilität (Kapazität) eines globalen P-Speichers wird zur Permittivität. Die zweite Suszeptibilität, gebildet aus dem Differentialquotienten des Extensum und der Stromdichte, hat wiederum keine eigene Bezeichnung. Aus dem elektrischen Widerstand wird der spezifische elektrische Widerstand und aus der Prozessleistung die Prozessleistungsdichte.

Diese lokale Betrachtungsweise macht deutlich, dass die modellhaft in der Kapazität gespeicherte elektrische Energie tatsächlich in der lokalen Permittivität und damit im elektrischen Feld gespeichert ist.

2 Energie, Co-Energie, Mischenergie

Im Kap. 1 wurde ein universelles Dynamikkonzept eingeführt, bei dem die Energie einen zentralen Zugang bildet. Die Energie als einer der sieben Primärgrößen (Tab. 1.3) ist eine Zustandsgröße, welche den vollständigen Systemzustand oder die Änderung eines Systems beschreibt. Dabei ist der Wert der Energie immer von der Vorgeschichte des Systems *unabhängig*.

Wie über die Zustandsgleichung (Gl. 1.10) gezeigt, lassen sich aus der Energie $E(q_1, \ldots, q_n)$ und der jeweiligen Primärgröße alle weiteren Größen eines Systems ableiten. Übergeordnet wird die Energiefunktion auch als MASSIEU-GIBBS-Funktion (Falk 1990) bezeichnet. Die Physik kennt weitere Begriffe für die Energiefunktion. In der Thermodynamik spricht man von thermodynamischen Potenzialen, in der Mechanik von der Hamilton-Funktion.

▶ **Energie** Die Energie eines Systems ist eine extensive (quantitative) Zustandsgröße, welche sich immer als Funktion $E(q_1, \ldots, q_n)$ seiner unabhängigen extensiven Variablen $\{q_1, \ldots, q_n\}$ darstellen läßt.

Jede Änderung dE der Energie E eines *Basissystems* ist gleich der Summe der einzelnen *unabhängigen* Energieformen. Die Energieänderung kann immer durch ein n-gliedriges Differential Gl. (1.13) in PFAFF'scher Form aus jeweils zwei gepaarten Größen dargestellt werden. Die GIBBS'sche Fundamentalform beschreibt dabei eine grundlegende Systemeigenschaft. Jeder Einzelprozess des Systems muss diese Eigenschaft erfüllen. Dazu müssen auf der rechten Seite der Gl. (1.13) alle voneinander unabhängigen Energieformen auftreten, in denen das System Energie austauschen kann. Die Summe der Energieformen dE bildet dann ein totales Differential.

J. Grabow, *Multipole - Modellbildung technischer Systeme*, essentials,
https://doi.org/10.1007/978-3-662-67289-1_2

2.1 Graphische Interpretation einer unabhängigen Energieform

Für die graphische Interpretation der Energie betrachten wir zunächst nur eine unabhängige Energieform ohne Unterscheidung nach P- oder T-Energie.

$$dE = i \cdot dq \tag{2.1}$$

Das Produkt aus der Intensitätsgröße und der Änderung der Quantitätsgröße kann als Flächeninhalt unter der Zustandsgleichung $i(q) = f(q)$ interpretiert werden. Das bestimmte Integral

$$E = \int_0^B i(q)dq \tag{2.2}$$

entspricht dann der Gesamtenergie einer unabhängigen Energieform im Intervall $[0, q_B]$ (Abb. 2.1).

Für die graphische Interpretation einer unabhängigen Energieform ist auch eine Vertauschung der beiden Faktoren in Gl. (2.1) denkbar. Diese Form wird dann als Co-Energie oder auch Ergänzungsenergie bezeichnet Gl. (2.3).

$$dE_{Co} = q \cdot di \tag{2.3}$$

Analog zu Abb. 2.1 können wir die Co-Energie als Flächeninhalt über der Funktion $i(q) = f(q)$ auffassen (Abb. 2.2). Im Gegensatz zur Energie bildet die Co-Energie keine GIBBS'sche Fundamentalform, da die Co-Energie nicht mehr von der unabhängigen extensiven Variablen q abhängt, sondern von der Intensitätsgröße i. Dieser Sachverhalt ist insbesondere bei der späteren Umrechnung beider Energiegrößen zu beachten.

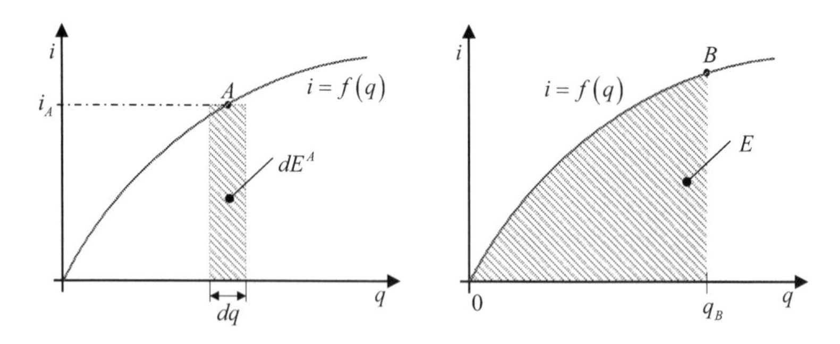

Abb. 2.1 graphische Interpretation der Energie

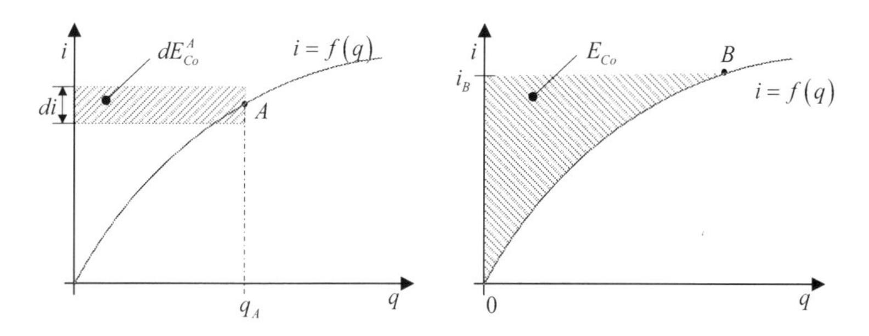

Abb. 2.2 graphische Interpretation der Co-Energie

2.2 Suszeptibilitätsfunktionen

Bisher hatten wir nur den Anstieg an einem beliebigen Punkt A der Funktion $i(q) = f(q)$ betrachtet. Der Kehrwert der Ableitung im Punkt A entsprach genau der differentiellen Suszeptibilität Gl. (1.19). Die Suszeptibilitätsfunktion kann genau wie die Intensität in einem Diagramm über die Quantität aufgetragen werden (Abb. 2.3). Dabei wird deutlich, dass die Suszeptibilitätsfunktionen im Allgemeinen keine Konstanten sind. Verallgemeinerte Kapazitäten und Induktivitäten hängen meist nichtlinear von ihrer jeweiligen Quantitätsgröße ab.

Mit der Zustandsgleichung Gl. (1.10) und der Definition der Suszeptibilität Gl. (1.19) lassen sich die Suszeptibilitäten bzw. ihre Kehrwerte direkt aus den beiden Energieformen (Energie, Co-Energie) bestimmen (Tab. 2.1).

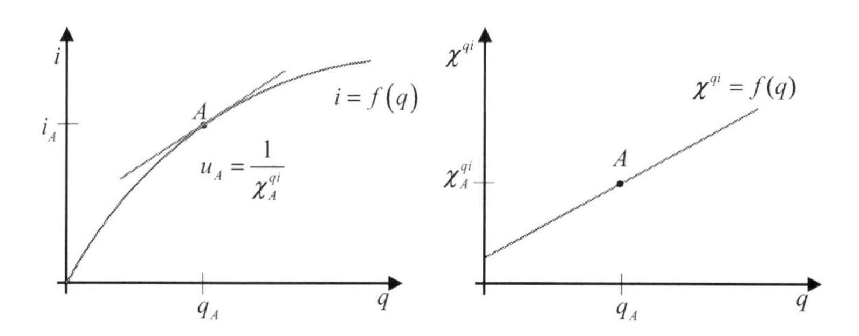

Abb. 2.3 Zusammenhang zwischen Energie- und Suszeptibilitätsfunktion

Tab. 2.1 Zusammenhang zwischen Energie, Co-Energie und den Suszeptibilitäten

Bezeichnung	Zusammenhang	Bezeichnung	Zusammenhang
Energie	$E(q)$	Co-Energie	$E_{Co}(i)$
Intensität	$i(q) = \frac{dE(q)}{dq}$	Quantität	$q(i) = \frac{dE_{Co}(i)}{di}$
Inverse Suszeptibilität	$\frac{1}{\chi^{qi}} = \frac{d^2E(q)}{dq^2}$	Suszeptibilität	$\chi^{qi} = \frac{d^2E_{Co}(i)}{di^2}$

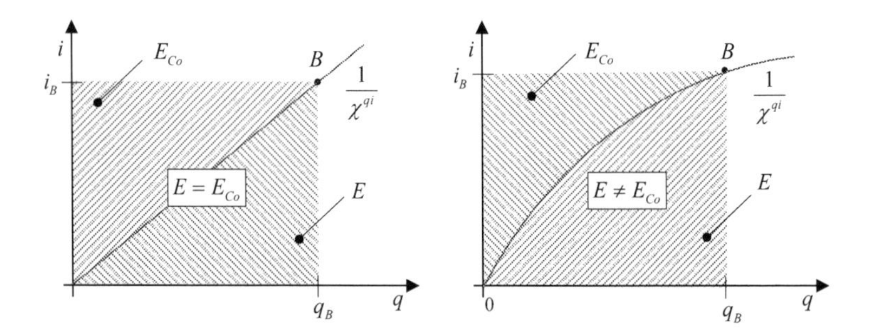

Abb. 2.4 Energie und Co-Energie bei konstanter und variabler Suszeptibilität

2.2.1 Konstante Suszeptibilitäten

Immer wenn die Intensitäten $i(q)$ lineare Funktionen sind, sind ihre Ableitungen und damit die Suszeptibilitäten konstant. Das bedeutet, dass innerhalb einer unabhängigen Energieform die jeweilige Speichergröße, verallgemeinerte Kapazität oder verallgemeinerte Induktivität, auch konstant sein muss. In diesem Spezialfall sind Energie und Co-Energie genau gleich (Abb. 2.4).

Ein Beispiel für eine konstante Suszeptibilität in der Mechanik zeigt (Tab. 2.2).

2.2.2 Veränderliche Suszeptibilitäten

Bei nichtlinearen Funktionen $i = f(q)$ sind die Suszeptibilitäten keine konstanten Größen mehr, sondern selbst wieder Funktionen der Quantitätsgröße q. In diesem Fall sind die Energie und die Co-Energie nicht mehr gleich (Abb. 2.4). Formal können jedoch beide Energiebeschreibungen einfach ineinander umgerechnet werden Gl. (2.4).

Tab. 2.2 Zusammenhang zwischen Energie, Co-Energie und den Suszeptibilitäten in der Mechanik

Bezeichnung	Zusammenhang	Bezeichnung	Zusammenhang
Energie	$E(p) = \frac{1}{2m_T}p^2$	Co-Energie	$E_{Co}(v) = \frac{m_T}{2}v^2$
Intensität	$\frac{dE(p)}{dp} = \frac{p}{m_T} = v$	Quantität	$\frac{dE_{co}(v)}{dv} = m_T v = p$
Inverse Suszeptibilität	$\frac{d^2E(p)}{dp^2} = \frac{dv}{dp} = \frac{1}{m_T}$	Suszeptibilität	$\frac{d^2E_{co}(v)}{dv^2} = \frac{dp}{dv} = m_T$

$$E(q) + E_{Co}(i) = i(q) \cdot q \tag{2.4}$$

Aus der Summation beider Energieanteile lässt sich auch anschaulich der Begriff der Co-Energie oder der Ergänzungsenergie ableiten. Die Ergänzungsenergie ergänzt die Energie geometrisch zu einem Rechteck mit der Fläche $A(q) = i(q) \cdot q$. Eine Umrechnung Gl. (2.5) beider Energieformen ergibt sich dann wie folgt:

$$\begin{aligned} E(q) &= i(q) \cdot q - E_{CO}(i) \\ E_{CO}(i) &= i(q) \cdot q - E(q) \end{aligned} \tag{2.5}$$

Dabei muss jedoch immer beachtet werden, dass die Energie eine Funktion der Quantität bleibt, $E = E(q)$ und die Co-Energie eine Funktion der Intensität $E_{Co} = E_{Co}(i)$. Gegebenenfalls ist eine Variableninversion durchzuführen (Tab. 2.3).

Tab. 2.3 Umrechnung der Energie in die Co-Energie

Bezeichnung	Zusammenhang	Bemerkung
Funktional	$i(q) = a \cdot q^2$	Nichtlineare Funktion
Energie	$E(q) = \int aq^2dq = \frac{1}{3}aq^3$	Die Anfangsenergie sei null
Co-Energie (Zwischenschritt)	$E_{Co}(i) = i(q) \cdot q - E(q)$ $E^*_{Co}(q) = a \cdot q^2 \cdot q - \frac{1}{3}aq^3$	Die Co-Energie hängt noch von q ab!
Variableninversion	$i(q) = a \cdot q^2$ $q = \sqrt{\frac{i(q)}{a}}$; $q^3 = \left(\frac{i}{a}\right)^{\frac{3}{2}}$	Suszeptibilität
Co-Energie	$E_{Co}(i) = \frac{2}{3\sqrt{a}}i^{\frac{3}{2}}$	

Fragen

Die Co-Energie ist eine reine mathematische Beschreibung einer Energiefunktion. In einem realen physikalischen System ist immer nur die Energie gespeichert.

2.3 Beschreibung mehrerer abhängiger Energieformen

Bei der bisherigen Betrachtungsweise sind wir nur von einer unabhängigen Energieform ausgegangen. Eine Vielzahl von Systemen beinhaltet jedoch abhängige Energieformen. Die Beschreibung mittels der GIBBS'schen Fundamentalform trägt auch diesem Umstand Rechnung. Der folgende Abschnitt konzentriert sich dabei auf Systeme mit *zwei* abhängigen Energieformen Gl. (2.6).

$$dE = \underbrace{i_1 \cdot dq_1}_{\delta E_1} + \underbrace{i_2 \cdot dq_2}_{\delta E_2} \tag{2.6}$$

Systeme mit beliebig vielen Energieformen sind sehr ausführlich in (Falk 1990) beschrieben. Eine spezielle Beschreibung für thermodynamische Systeme gibt (Strunk 2015).

Prinzipiell unterscheidet sich die Herangehensweise von Systemen mit mehreren abhängigen Energieformen nicht von Systemen mit nur einer unabhängigen Energieform. Bei den mathematischen Ableitungen müssen lediglich die Ableitungen nach einem Argument, durch partielle Ableitungen nach mehreren Argumenten ersetzt werden.

2.3.1 Systeme mit zwei Energieformen

Energie

Systeme mit zwei Energieformen liegen immer dann vor, wenn die MASSIEU-GIBBS-Funktion genau zwei Quantitätsgrößen beinhaltet Gl. (2.7).

$$E = E(q_1, q_2) \tag{2.7}$$

Die beiden zugehörigen Intensitätsgrößen Gl. (2.8) werden durch partielle Differentiation nach den jeweiligen Quantitätsgrößen gewonnen (Abb. 2.5).

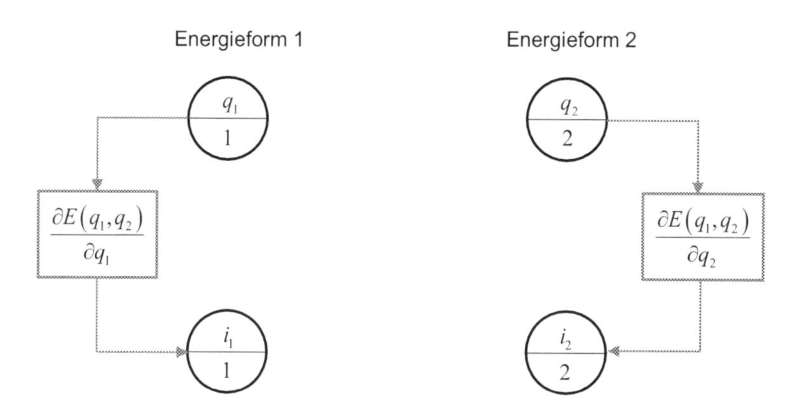

Abb. 2.5 Zusammenhang zwischen den Energieableitungen

$$\begin{aligned} i_1 &:= \frac{\partial E(q_1, q_2)}{\partial q_1} \\ i_2 &:= \frac{\partial E(q_1, q_2)}{\partial q_2} \end{aligned} \tag{2.8}$$

Mit den zweiten partiellen Ableitungen erhalten wir die Kehrwerte der zugehörigen Suszeptibilitäten (Hauptwirkungen) bzw. die Kopplungen der beiden Energieformen untereinander (Nebenwirkungen) Abb. 2.6.

$\frac{1}{\chi^{q_1 i_1}} := \frac{\partial^2 E(q_1,q_2)}{\partial q_1{}^2} = \left(\frac{\partial i_1}{\partial q_1}\right)_{q_2}$	1. HW
$\frac{1}{\chi^{q_2 i_2}} := \frac{\partial^2 E(q_1,q_2)}{\partial q_2{}^2} = \left(\frac{\partial i_2}{\partial q_2}\right)_{q_1}$	2. HW
$\frac{1}{\chi^{q_2 i_1}} := \frac{\partial^2 E(q_1,q_2)}{\partial q_2 \partial q_1} = \left(\frac{\partial i_1}{\partial q_2}\right)_{q_1}$	1. NW
$\frac{1}{\chi^{q_1 i_2}} := \frac{\partial^2 E(q_1,q_2)}{\partial q_1 \partial q_2} = \left(\frac{\partial i_2}{\partial q_1}\right)_{q_2}$	2. NW

Da nach dem Satz von SCHWARTZ die Reihenfolge der Differentiationen unabhängig vom Ergebnis ist, müssen beide Nebenwirkungen gleich sein. Weiterhin folgt sofort daraus, dass die so gefundenen Intensitätsgrößen mit den zugehörigen Quantitätsgrößen immer ein vollständiges Differential bilden Gl. (2.9) (Abb. 2.6).

$$dE = \frac{\partial E(q_1, q_2)}{\partial q_1} dq_1 + \frac{\partial E(q_1, q_2)}{\partial q_2} dq_2 \tag{2.9}$$

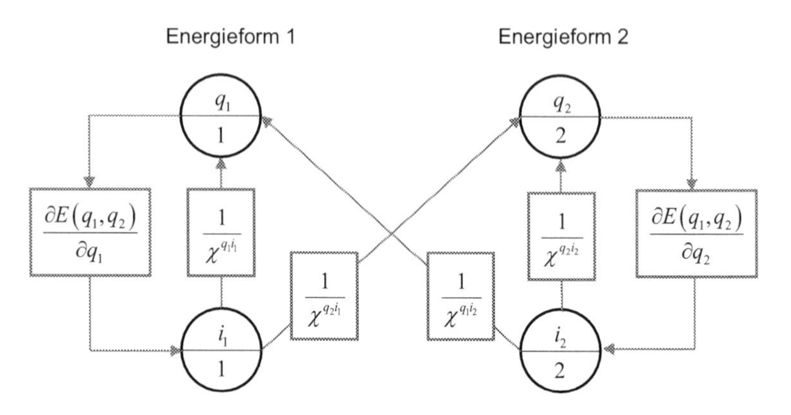

Abb. 2.6 Zusammenhang zwischen den Haupt- und Nebenwirkungen der Energieableitungen

Co-Energie

Genau wie bei Systemen mit einer unabhängigen Energieform, kann die Beschreibung bei abhängigen Energieformen auch über die Co-Energie erfolgen Gl. (2.10).

$$E_{CO} = E_{CO}(i_1, i_2) \tag{2.10}$$

Die beiden partiellen Ableitungen der Co-Energie nach den Intensitätsgrößen ergeben die zugehörigen Quantitätsgrößen (Abb. 2.7).

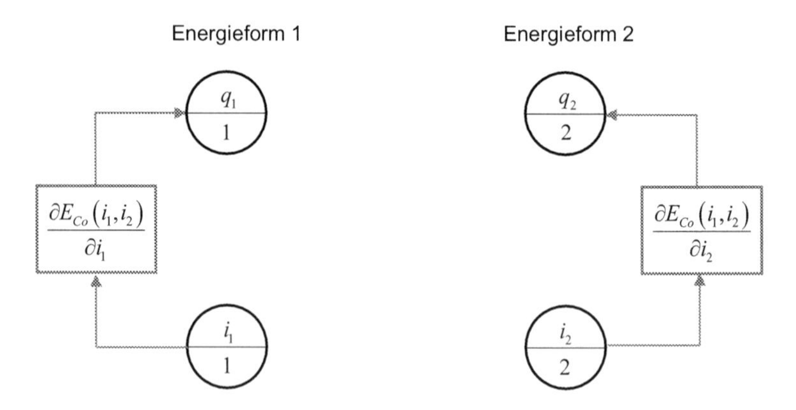

Abb. 2.7 Zusammenhang zwischen den Co-Energieableitungen

Mit den zweiten partiellen Ableitungen erhalten wir die zugehörigen Suszeptibilitäten (Hauptwirkungen) bzw. mit den Nebenwirkungen weitere Suszeptibilitäten, welche wiederum für die Kopplung beider Systeme verantwortlich sind (Abb. 2.8).

$\chi^{q_1 i_1} := \frac{\partial^2 E_{Co}(i_1, i_2)}{\partial {i_1}^2} = \left(\frac{\partial q_1}{\partial i_1}\right)_{i_2}$	1. HW
$\chi^{q_2 i_2} := \frac{\partial^2 E_{Co}(i_1, i_2)}{\partial {i_2}^2} = \left(\frac{\partial q_2}{\partial i_2}\right)_{i_1}$	2. HW
$\chi^{q_2 i_1} := \frac{\partial^2 E_{Co}(i_1, i_2)}{\partial i_1 \partial i_2} = \left(\frac{\partial q_2}{\partial i_1}\right)_{i_2}$	1. NW
$\chi^{q_1 i_2} := \frac{\partial^2 E_{Co}(i_1, i_2)}{\partial i_2 \partial i_1} = \left(\frac{\partial q_1}{\partial i_2}\right)_{i_1}$	2. NW

Auch hier sind aufgrund der Vertauschbarkeit der Differentiation die beiden Suszeptibilitäten der Nebenwirkungen gleich groß.

Mischenergie

In einigen Fällen ist es sinnvoll, eine energetische Mischform zur Beschreibung der zwei abhängigen Energieformen zu benutzen. Das ist insbesondere dann hilfreich, wenn eine der beiden Größen Quantität oder Qualität besser zu ermitteln ist. Da bei einer partiellen Ableitung alle unabhängigen Größen als konstant angesehen werden, ergibt die Mischenergie für die erste Ableitung keinen Unter-

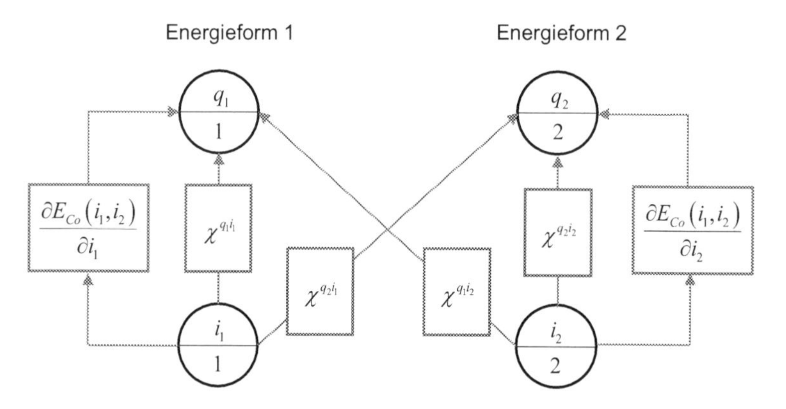

Abb. 2.8 Zusammenhang zwischen den Haupt- und Nebenwirkungen der Co-Energieableitungen

schied zur Energie oder Co-Energie. Der Vorteil kommt erst bei der zweiten Ableitung zum Tragen.

$K^{12} := \frac{\partial^2 E_M(i_1,q_2)}{\partial q_2 \partial i_1} = \left(\frac{\partial q_1}{\partial q_2}\right)_{i_1}$
$K^{21} := \frac{\partial^2 E_M(i_1,q_2)}{\partial i_1 \partial q_2} = \left(\frac{\partial i_2}{\partial i_1}\right)_{q_2}$
$\frac{1}{K^{21}} := \frac{\partial^2 E_M(q_1,i_2)}{\partial i_2 \partial q_1} = \left(\frac{\partial i_1}{\partial i_2}\right)_{q_1}$
$\frac{1}{K^{12}} := \frac{\partial^2 E_M(q_1,i_2)}{\partial q_1 \partial i_2} = \left(\frac{\partial q_2}{\partial q_1}\right)_{i_2}$

Die Koppelparameter K bzw. ihre Kehrwerte sind keine Suszeptibilitäten mehr, da sie jeweils aus den Differentialquotienten der Quantitäten und Intensitäten gebildet werden. Je nach Energieform (P-Energie oder T-Energie) bilden die Koppelparameter Elemente der H-Matrix oder der G-Matrix eines zugehörigen Wandlers (Kap. 4).

Differentialquotienten

Die zweiten Ableitungen nach der Energie, der Co-Energie und der Mischenergie ergaben jeweils 4 Differentialquotienten. Somit darf die Frage gestellt werden, ob 12 Differentialquotienten zur Beschreibung von zwei unabhängigen Energieformen notwendig sind. Durch den Satz von SCHWARTZ reduzieren sich die 12 Differentialquotienten zunächst auf 6 Werte. Georg Job (1972) zeigt, dass für ein System mit n unabhängigen Energieformen,

$$\frac{n(n+1)}{2} \tag{2.11}$$

Differentialquotienten ausreichen, um das System vollständig zu beschreiben. Im Fall von zwei unabhängigen Energieformen reichen also 3 Differentialquotienten aus. Somit müssen sich alle restlichen Differentialquotienten aus den gegebenen Werten berechnen lassen (Abb. 2.9).

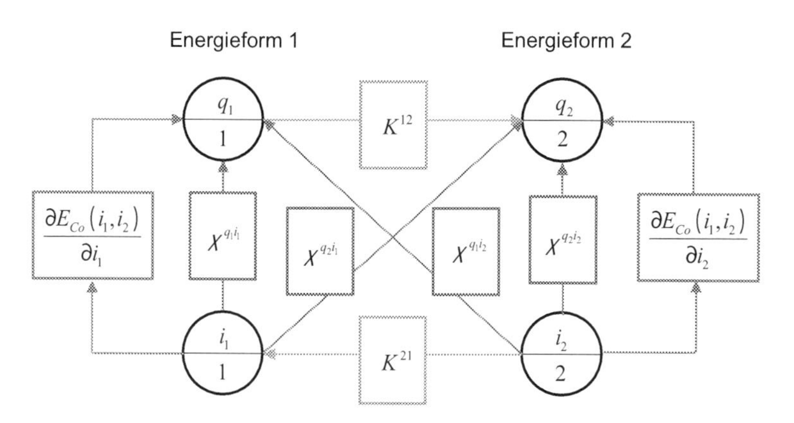

Abb. 2.9 Zusammenhang zwischen den Koppelfaktoren der Mischenergieableitungen

Multipole

3

Die im Kap. 1 eingeführten unabhängigen physikalischen Teilsysteme können jeweils durch vier Basisgrößen und zwei Speichergrößen sowie einem dissipativen Element vollständig beschrieben werden. Ihre Kopplung erfolgt über grundlegende physikalische Wandlerprinzipien, welche im Kap. 4 beschrieben werden. Als Abstraktionsebene bietet sich dazu die Methode der Netzwerkanalyse an, welche in der Elektrotechnik fest etabliert ist. Dabei gelangt man von der realen Schaltung, durch Modellbildung der Bauelemente und deren Verbindungen, zu entsprechenden *Netzwerkelementen.* Diese Vorgehensweise kann vollständig für allgemein physikalische Systeme übernommen werden.

Netzwerkelemente sind dabei idealisierte Modelle mit einer exakten mathematischen Beschreibung ihrer inneren Zusammenhänge. Dabei werden hauptsächlich nur die zwei Leistungsvariablen (Y, I_X) der vier Basisgrößen verwendet. Alle im Netzwerk verwendeten Netzwerkelemente können eine unterschiedliche Anzahl von Polen (Anschlussklemmen) besitzen. Man spricht auch von *Multipolen* (Abb. 3.1.).

Zählpfeile

Potenzialgrößen zwischen den Polen haben immer eine Polarität. Flussgrößen können in das Netzwerkelement fließen oder aus dem Netzwerkelement fließen. Die Pfeilrichtung und das Vorzeichen von Y oder I_X bestimmen die tatsächliche Richtung. Bei positivem Vorzeichen stimmen Pfeilrichtung und tatsächliche Richtung von Y oder I_X überein (Abb. 3.2).

J. Grabow, *Multipole - Modellbildung technischer Systeme,* essentials,
https://doi.org/10.1007/978-3-662-67289-1_3

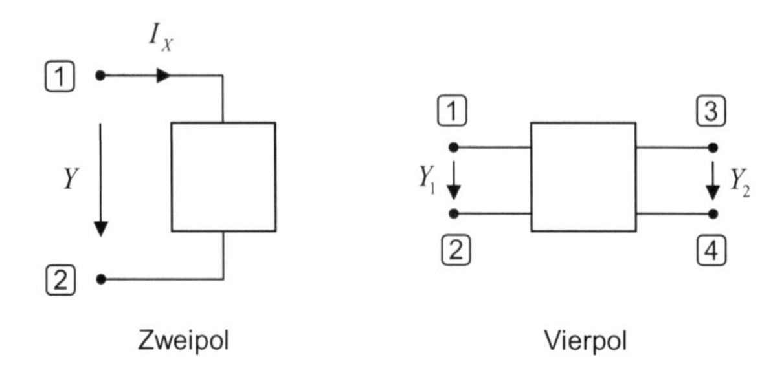

Abb. 3.1 Zweipol und Vierpol exemplarisch für Multipole

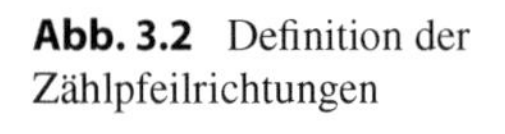

Abb. 3.2 Definition der Zählpfeilrichtungen

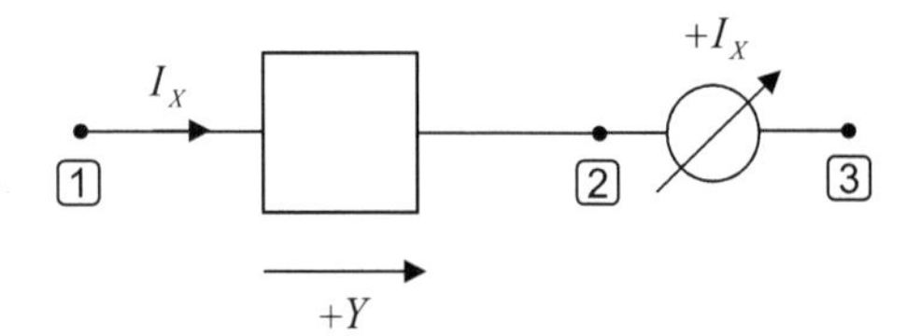

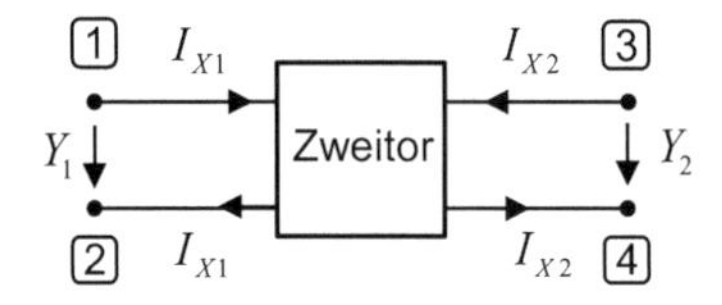

Abb. 3.3 Zusammengehörige Pole in einem Zweitor

Tore

Zwei zusammengehörige Pole bilden immer dann ein *Tor,* wenn die über beide Pole fließenden Flussgrößen im Betrag gleich und in ihrer Richtung entgegengesetzt sind (Abb. 3.3).

3.1 Zweipole

Ein Zweipol bezeichnet in der Theorie der Multipole ein Bauelement mit genau zwei Polen (Anschlussklemmen). Der Zweipol lässt sich durch sein Klemmverhalten eindeutig charakterisieren (Abb. 3.4).

Sind die beiden Flussgrößen I_{X1} und I_{X2} betragsmäßig gleich, jedoch in ihrer Richtung entgegengesetzt (I_{X1} fließt *in* die Klemme eins, I_{X2} fließt *aus* der Klemme zwei), spricht man von einem Eintor. Über sein Klemmverhalten können dem Zweipol verschiedene Eigenschaften zugeordnet werden.

- Linearität
- Zeitvarianz
- Passivität
- Aktivität

Nachfolgend beschränken wir uns hauptsächlich auf Eintore.

Ein Eintor ist *linear*, wenn sein Klemmverhalten durch lineare algebraische Gleichungen oder lineare Differentialgleichungen beschrieben werden kann.

Ein Eintor ist *zeitvariant*, wenn sein Klemmverhalten explizit von der Zeit abhängig ist.

Ein Eintor ist *passiv*, wenn es aus rein passiven Bauelementen besteht.

Ein Eintor ist *aktiv*, wenn sich in seinem Inneren Ersatzpotenzialquellen oder Ersatzflussquellen befinden.

3.1.1 Resistive Eintore

Ein resistives Eintor ist ein Widerstand, dessen Klemmgrößen $I_X(t)$ und $Y(t)$ zu jedem Zeitpunkt t in einer Relation $f(t)$ stehen. Weiterhin ist es unabhängig von seiner Vorgeschichte (speicherfrei). Periodische Fluss- oder Potenzialgrößen haben keine Phasenverschiebung zueinander.

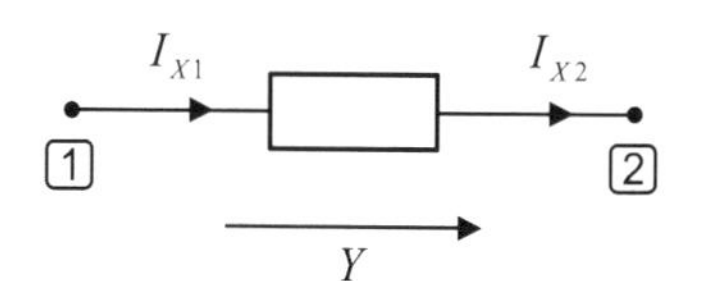

Abb. 3.4 einfacher Zweipol

Abb. 3.5 resistives Eintor

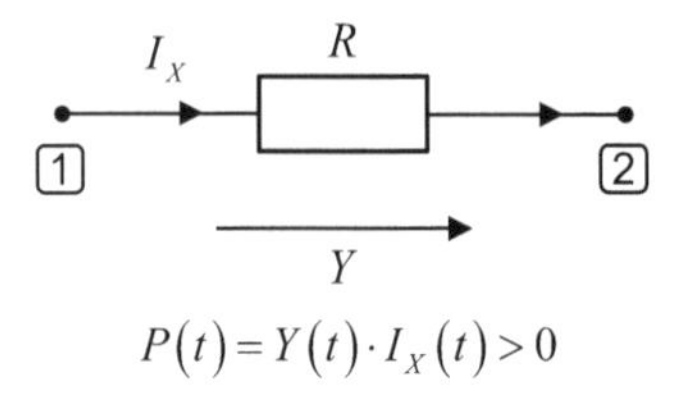

Von besonderer Bedeutung sind lineare Eintore. Ihre Fluss- und Potenzialkennlinie ist in diesem Fall eine Gerade. Da bei resistiven Eintoren sowohl Vorzeichen als auch Pfeilrichtung (Abb. 3.2) übereinstimmen, ist die dissipierte Leistung positiv. Man spricht auch von einem Verbraucherpfeilsystem (Abb. 3.5).

3.1.2 Kapazitive und induktive Eintore

Im Gegensatz zu den resistiven Eintoren zeichnen sich kapazitive und induktive Eintore dadurch aus, dass sie Energie speichern können. Sie werden auch als reaktive Netzwerkelemente oder kurz *Reaktanzen* (Blindwiderstände) bezeichnet. Unter Verwendung der Basisgrößen aus Kap. 1 werden über die konstitutiven Gesetze u. a. verallgemeinerte Suszeptibilitäten gebildet. Die verallgemeinerte Kapazität Gl. (1.22) und die verallgemeinerte Induktivität Gl. (1.24) können den entsprechenden Reaktanzen zugeordnet werden.

Nichtlineare Reaktanzen sind sehr häufig u. a. bei elektrischen Induktivitäten (Spule mit Sättigung) oder mechanischen Induktivitäten (nichtlineare Federkennlinien) anzutreffen. Aber auch pneumatische oder hydraulische Druckspeicher können aus nichtlinearen Kapazitäten bestehen. Eine besondere Bedeutung kommt jedoch wieder den linearen Reaktanzen zu (Abb. 3.6). Sie können sehr einfach über eine lineare Differentialgleichung oder Integralgleichung durch die beiden Leistungsvariablen beschrieben werden.

Abb. 3.6 Elementsymbole für eine lineare Kapazität und Induktivität

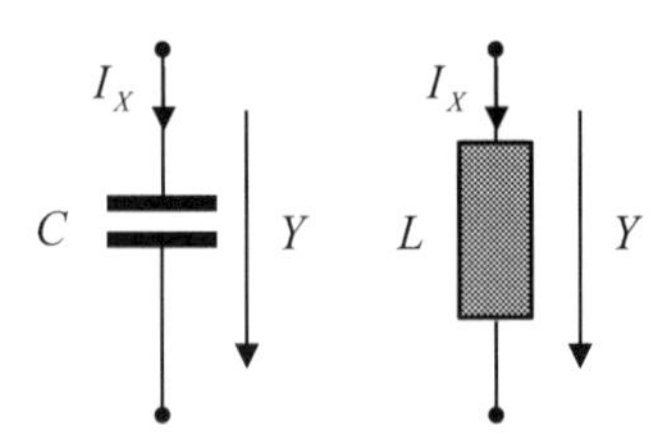

3.2 Zweitore

Als Zweitor bezeichnet man in der Theorie der Multipole ein Bauelement mit genau vier Polen (Anschlussklemmen), bei denen immer zwei Pole zu einem Tor zusammengefasst werden und die Torbedingung erfüllt ist (Abb. 3.3). Zweitore sind spezielle Formen eines allgemeinen Vierpols. Wie auch bei den Zweipolen lassen sich den Zweitoren unterschiedliche Eigenschaften zuordnen.

- Linearität
- Reziprozität
- Symmetrie
- Rückwirkungsfreiheit
- Leistungsbilanz

Diese Eigenschaften lassen sich mathematisch sehr einfach beschreiben, wenn die Ein- und Ausgangsgrößen eines Zweitors als Spaltenvektoren zusammengefasst werden Gl. (3.1).

$$\overline{x} = \begin{bmatrix} I_{X1} \\ I_{X2} \end{bmatrix} \quad \overline{y} = \begin{bmatrix} Y_1 \\ Y_2 \end{bmatrix} \tag{3.1}$$

Bildet man die Kombination aller vier Grundgrößen und löst sie nach zwei der vier Größen auf,

$$\binom{4}{2} = 6 \tag{3.2}$$

ergeben sich sechs mögliche Fälle einer Zweitordarstellung (Tab. 3.1).

Diese sechs Zweitormatrizen besitzen jeweils einen eigenen Namen. Dabei wird die in Tab. 3.1 beschriebene Namenskonvention in der Literatur nicht immer ganz einheitlich verwendet, Insbesondere wird die Leitwertsmatrix oft als Y-Matrix bezeichnet. Um jedoch Verwechslungen mit der Potenzialgröße Y auszuschließen, wollen wir als Leitwertsmatrix konsequent den Namen G verwenden.

Ein Zweitor ist *linear,* wenn die Elemente der Zweitormatrizen unabhängig von den Fluss- und Potenzialgrößen sind. Nichtlineare Zweitore werden oft um ihren Arbeitspunkt linearisiert. Man spricht dann von einem Kleinsignalverhalten und verwendet als Namenskonvention für die Zweitormatrizen Kleinbuchstaben.

Ein Zweitor ist *reziprok,* wenn es in beiden Torrichtungen dasselbe Übertragungsverhalten aufweist Gl. (3.3).

Tab. 3.1 Matrixgleichungen

Name	Formelzeichen	Matrixform
Widerstandsmatrix	Z	$\begin{bmatrix} Y_1 \\ Y_2 \end{bmatrix} = Z \cdot \begin{bmatrix} I_{X1} \\ I_{X2} \end{bmatrix}$
Leitwertsmatrix	G	$\begin{bmatrix} I_{X1} \\ I_{X2} \end{bmatrix} = G \cdot \begin{bmatrix} Y_1 \\ Y_2 \end{bmatrix}$
Hybridmatrix	H	$\begin{bmatrix} Y_1 \\ I_{X2} \end{bmatrix} = H \cdot \begin{bmatrix} I_{X1} \\ Y_2 \end{bmatrix}$
Inverse Hybridmatrix	P	$\begin{bmatrix} I_{X1} \\ Y_2 \end{bmatrix} = P \cdot \begin{bmatrix} Y_1 \\ I_{X2} \end{bmatrix}$
Kettenmatrix	A	$\begin{bmatrix} Y_1 \\ I_{X1} \end{bmatrix} = A \cdot \begin{bmatrix} Y_2 \\ -I_{X2} \end{bmatrix}$
Inverse Kettenmatrix	B	$\begin{bmatrix} Y_2 \\ -I_{X2} \end{bmatrix} = B \cdot \begin{bmatrix} Y_1 \\ I_{X1} \end{bmatrix}$

Tab. 3.2 Einschränkungen bei reziproken Zweitoren

Matrixform	Einschränkungen
Impedanzmatrix	$Z_{11} = Z_{21}$
Leitwertsmatrix	$G_{12} = G_{21}$
Hybridmatrix	$H_{12} = -H_{21}$
Inverse Hybridmatrix	$P_{12} = -P_{21}$
Kettenmatrix	$detA = 1$
Inverse Kettenmatrix	$detB = 1$

$$\begin{bmatrix} Y_1 \\ Y_2 \\ I_{X1} \\ I_{X2} \end{bmatrix} \cdot \begin{bmatrix} 0 & 0 & 0 & 1 \\ 0 & 0 & 1 & 0 \\ 0 & -1 & 0 & 0 \\ -1 & 0 & 0 & 0 \end{bmatrix} \cdot \begin{bmatrix} Y_1 \\ Y_2 \\ I_{X1} \\ I_{X2} \end{bmatrix} \tag{3.3}$$

Diese Eigenschaft wird auch als Reziprozitätstheorem bezeichnet und spielt bei den mechatronischen Wandlern (Kap. 4) eine große Rolle. Reziproke Zweitore sind immer durch drei Zweitorparameter vollständig charakterisiert. Die Matrixparameter reziproker Zweitore unterliegen damit den folgenden Einschränkungen (Tab. 3.2).

Ein Zweitor ist *symmetrisch,* wenn Eingangs- und Ausgangstor miteinander vertauscht werden können. Symmetrische Zweitore sind auch immer reziprok, jedoch sind reziproke Zweitore nicht immer symmetrisch.

Ein Zweitor ist rückwirkungsfrei, wenn sich Änderungen der Ausgangsgrößen (äußere Belastungen am Tor zwei) keinen Einfluss auf die Eingangsgrößen am Tor eins haben. Für die Matrixparameter rückwirkungsfreier Zweitore gelten somit die folgenden Einschränkungen (Tab. 3.3).

3.2.1 Leistungsbilanz

Der Leistung- bzw. Energiebilanz von mechatronischen Zweitoren kommt eine besondere Bedeutung zu, da diese Beschreibungsform für alle physikalischen Wandler zur Anwendung kommt.

Ein Zweitor heißt *verlustlos,* wenn die Summe der an beiden Toren aufgenommenen Leistung null ergibt Gl. (3.4).

$$P_1(t) + P_2(t) = Y_1(t) \cdot I_{X1}(t) + Y_2(t) \cdot I_{X2}(t) = 0 \tag{3.4}$$

3.2.2 Gesteuerte Quellen

Die Aufgabe der Zweitore bei den mechatronischen Netzwerken besteht darin, unterschiedliche unabhängige physikalische Teilsysteme miteinander zu koppeln. In der Elektrotechnik würde man von einer galvanischen Trennung sprechen. Unter Zuhilfenahme von gesteuerten Quellen lassen sich sehr einfache Ersatzschaltbilder für die Zweitormatrizen Z, G und H angeben (Abb. 3.7).

Tab. 3.3 Einschränkungen bei rückwirkungsfreien Zweitoren

Matrixform	Einschränkungen
Impedanzmatrix	$Z_{12} = 0$
Leitwertsmatrix	$G_{12} = 0$
Hybridmatrix	$H_{12} = 0$
Inverse Hybridmatrix	$P_{12} = 0$
Kettenmatrix	$detA = 1$
Inverse Kettenmatrix	*nichtdefiniert*

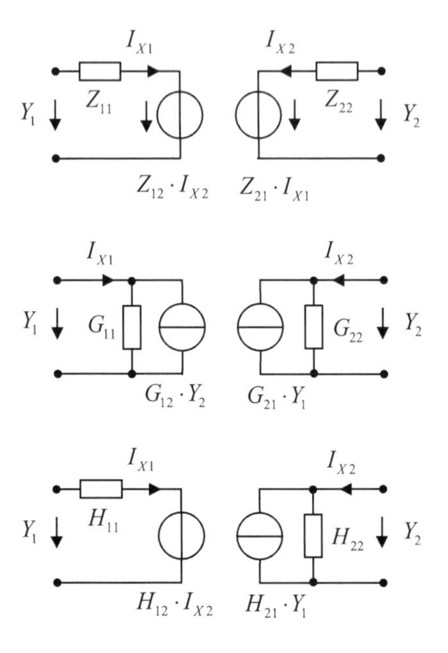

Abb. 3.7 Ersatzschaltbilder für Zweitormatritzen

Zwei Beschreibungsformen kommt dabei eine besondere Bedeutung zu. Der ideale Transformator ist ein Zweitor, der die folgenden Bedingungen erfüllt Gl. (3.5).

$$\begin{bmatrix} 1 & -\ddot{U}_T \\ 0 & 0 \end{bmatrix} \cdot \begin{bmatrix} Y_1 \\ Y_2 \end{bmatrix} + \begin{bmatrix} 0 & 0 \\ \ddot{U}_T & 0 \end{bmatrix} \begin{bmatrix} I_{X1} \\ I_{X2} \end{bmatrix} = \begin{bmatrix} 0 \\ 0 \end{bmatrix}$$
$$\ddot{U}_T = \frac{Y_1}{Y_2} = \frac{I_{X2}}{I_{X1}} \tag{3.5}$$

Wird diese Bedingung auf die Hybridform- und Kettenform angewendet, ergeben sich die beiden Gleichungen Gl. (3.6).

$$H = \begin{bmatrix} 0 & \ddot{U}_T \\ -\ddot{U}_T & 0 \end{bmatrix}; A = \begin{bmatrix} \ddot{U}_T & 0 \\ 0 & \frac{1}{\ddot{U}_T} \end{bmatrix} \tag{3.6}$$

Der ideale Transformator ist *verlustlos, reziprok* und *umkehrbar.*

Der ideale Gyrator ist ein Zweitor, dass die folgenden Bedingungen erfüllt Gl. (3.7).

$$\begin{bmatrix} 1 & 0 \\ 0 & 1 \end{bmatrix} \cdot \begin{bmatrix} Y_1 \\ Y_2 \end{bmatrix} + \begin{bmatrix} 0 & \ddot{U}_G \\ -\ddot{U}_G & 0 \end{bmatrix} \cdot \begin{bmatrix} I_{X1} \\ I_{X2} \end{bmatrix} = \begin{bmatrix} 0 \\ 0 \end{bmatrix}$$
$$\ddot{U}_G = -\frac{Y_1}{I_{X2}} = \frac{Y_2}{I_{X1}} \tag{3.7}$$

Hier können die Kettenmatrix und die Leitwertsmatrix angegeben werden Gl. (3.8).

$$G = \begin{bmatrix} 0 & \frac{1}{\ddot{U}_G} \\ -\frac{1}{\ddot{U}_G} & 0 \end{bmatrix}; A = \begin{bmatrix} 0 & \ddot{U}_G \\ \frac{1}{\ddot{U}_G} & 0 \end{bmatrix} \tag{3.8}$$

Der ideale Gyrator ist *verlustlos* und *antireziprok*.

Wie dieser Abschnitt zeigt, lassen sich sowohl der ideale Transformator als auch der ideale Gyrator über die Kettenmatrix A ausdrücken. Für eine Darstellung über Ersatzschaltbilder mitgesteuerten Quellen (Abb. 3.7) ist jedoch die Hybrid- bzw. die Leitwertsform besser geeignet. Da, wie im Kapitel vier gezeigt wird, beiden Wandlerformen eine besondere Bedeutung bei der Kopplung der unabhängigen Teilsysteme zukommt, wird nachfolgend vorzugsweise die Darstellung in der H- bzw. G-Parametern angewendet.

Physikalische Wandlerprinzipien 4

Im Kap. 1 wurde gezeigt, wie ein technisches Gesamtsystem so in unabhängige Teilsysteme zerlegt werden kann, dass die Gesamtenergie in unabhängige Teilenergieanteile zerfällt. Die Kopplung der unabhängigen Teilsysteme erfolgte ausschließlich über Energieströme (Abb. 1.2).

Dieses Kapitel beschäftigt sich damit, die unabhängigen Teilsysteme über Multipole wieder miteinander zu koppeln. Prinzipiell unterscheiden wir dabei zwei unterschiedliche physikalische Kopplungsprinzipien. Die Kopplung *ohne* Dissipation und die Kopplung *durch* Dissipation.

4.1 Kopplung ohne Dissipation

Das physikalische Wandlerprinzip einer Kopplung ohne Dissipation schließt dissipative Verluste in den zu koppelnden Teilsystemen ausdrücklich nicht aus. Vielmehr soll der Tatsache Aufmerksamkeit geschenkt werden, dass der Kopplungsvorgang vollständig ohne Dissipation abläuft. Als Beispiel dient uns ein hydraulisches System aus Abb. 4.1.

Ein Behälter ist vollständig mit einer inkompressiblen Hydraulikflüssigkeit gefüllt. Beide Enden sind über Hydraulikzylinder mit unterschiedlichen Durchmessern abgeschlossen. Die tatsächlich real im Fluid vorhandene Kompressibilität, wird durch einen federbelasteten Kolben nachgebildet.

Mit dieser Anordnung koppeln wir zwei mechanische Basissysteme miteinander (Abb. 4.2).

Die Gesamtenergieänderung dE im hydraulischen Gesamtsystem setzt sich aus der Summe der Einzelenergieänderungen zusammen Gl. (4.1).

J. Grabow, *Multipole - Modellbildung technischer Systeme,* essentials,
https://doi.org/10.1007/978-3-662-67289-1_4

Abb. 4.1 hydraulisches System zur Kopplung zweier Einzelsysteme

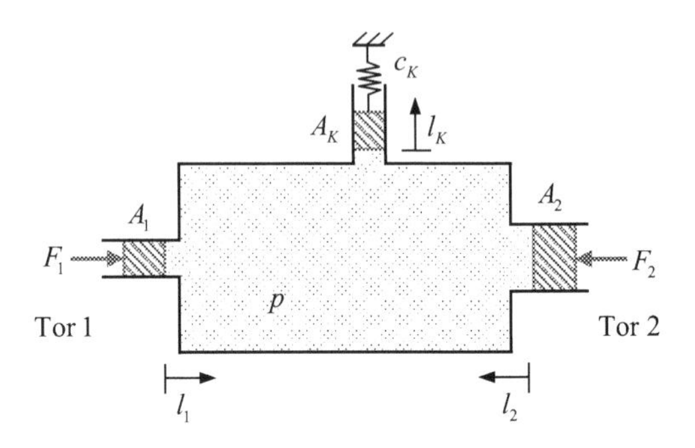

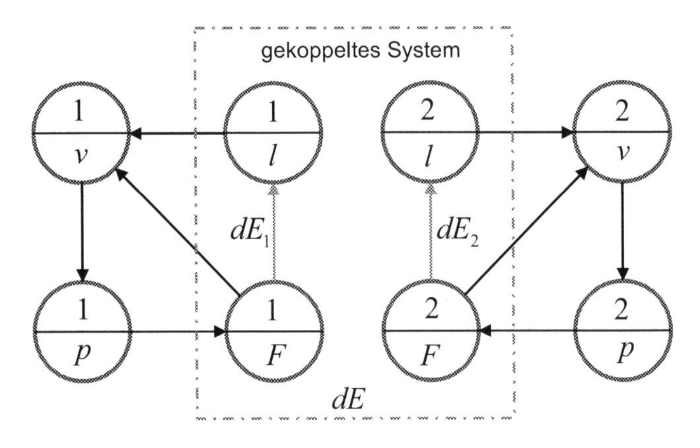

Abb. 4.2 Schematische Kopplung zweier mechanischer Basissysteme

$$
\begin{aligned}
dE &= dE_1 + dE_2 \\
dE &= F_1 dl_1 + F_2 dl_2
\end{aligned}
\tag{4.1}
$$

Somit ist die Gesamtenergie eine Funktion der beiden Kolbenwege l_1 und l_2.

$$
E = E(l_1, l_2) = E(q_1, q_2) \tag{4.2}
$$

Genau genommen handelt es sich um ein System mit zwei Energieformen (siehe Abschn. 2.3.1). Die beiden Intensitätsgrößen F_1 und F_2 können nach Gl. (2.8) durch partielle Differentiation aus der Gesamtenergie gewonnen werden (Gl. 4.3).

$$
\begin{aligned}
F_1 &= \frac{\partial}{\partial l_1} E(l_1, l_2) \\
F_2 &= \frac{\partial}{\partial l_2} E(l_1, l_2)
\end{aligned}
\tag{4.3}
$$

Setzt man beide Kräfte wieder in die Gesamtenergieänderung Gl. (4.1) ein, so erkennt man, dass das gekoppelte System über ein vollständiges Differential beschrieben werden kann.

$$dE = \frac{\partial}{\partial l_1} E(l_1, l_2) \cdot l_1 + \frac{\partial}{\partial l_2} E(l_1, l_2) \cdot l_2 \tag{4.4}$$

Somit ist es zulässig, für die einzelnen Energieanteile dE_1 und dE_2 zu schreiben.

Die zweiten partiellen Ableitungen der Gesamtenergie ergeben die Kehrwerte der zugehörigen Suszeptibilitäten (Hauptwirkungen) sowie die gesuchten Kopplungen der beiden Teilsysteme (Nebenwirkungen).

$\frac{1}{\chi^{l_1 F_1}} := \frac{\partial^2 E(l_1,l_2)}{\partial l_1{}^2} = \left(\frac{\partial F_1}{\partial l_1}\right)_{l_2}$	1. HW
$\frac{1}{\chi^{l_2 F_2}} := \frac{\partial^2 E(l_1,l_2)}{\partial l_2{}^2} = \left(\frac{\partial F_2}{\partial l_2}\right)_{l_1}$	2. HW
$\frac{1}{\chi^{l_2 F_1}} := \frac{\partial^2 E(l_1,l_2)}{\partial l_2 \partial l_1} = \left(\frac{\partial F_1}{\partial l_2}\right)_{l_1}$	1. NW
$\frac{1}{\chi^{l_1 F_2}} := \frac{\partial^2 E(l_1,l_2)}{\partial l_1 \partial l_2} = \left(\frac{\partial F_2}{\partial l_1}\right)_{l_2}$	2. NW

Da die Reihenfolge der Differentiation in den zweiten Ableitungen getauscht werden kann (Satz von Schwarz), müssen die beiden Suszeptibilitäten der Nebenwirkungen gleich sein.

$$\chi^{l_2 F_1} = \chi^{l_1 F_2} \tag{4.5}$$

Im gewählten Beispiel des Hydrauliksystems entsprechen alle Suszeptibilitäten den mechanischen Nachgiebigkeiten bzw. ihr Kehrwert den entsprechenden Federsteifigkeiten, gewichtet mit den Flächenverhältnissen der jeweiligen Hydraulikzylinder. Somit sind die Hauptwirkungen für die jeweiligen Energiespeicher in den einzelnen Teilsystemen und die Nebenwirkungen für die Kopplung beider Teilsysteme (Abb. 4.3). bestimmt.

4.1.1 Haupt- und Nebenwirkungen

Hauptwirkungen

Für ein Experiment stellen wir uns das hydraulische System aus Abb. 4.1 an Tor 2 verschlossen vor. Wenn wir nun den Kolben am Tor 1 in den Zylinder reindrücken, dann benötigen wir dazu eine zunehmend größer werdende Kraft. Wir

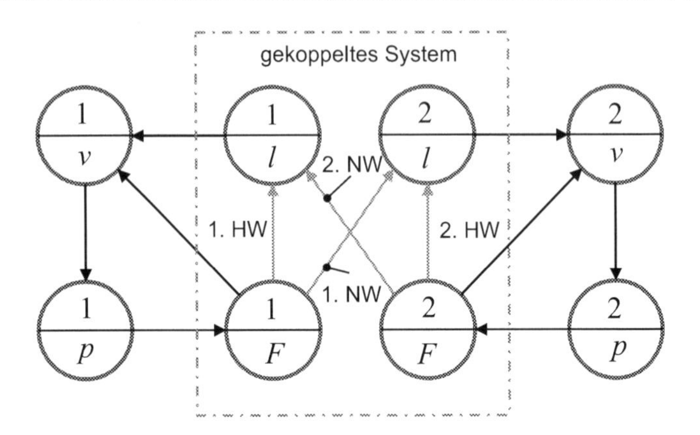

Abb. 4.3 Kopplung zweier Teilsysteme über ihre Nebenwirkungen

komprimieren die Hydraulikflüssigkeit (Ersatzmodell Kompressionsfeder). Diese Wirkung findet auch ganz ohne Tor 2 statt und wird durch den Differentialquotienten Gl. (4.6) ausgedrückt.

$$\left(\frac{\partial F_1}{\partial l_1}\right)_{l_2} \tag{4.6}$$

Er beschreibt, wie sich die Kraft F_1 beim Kolbenhub l_1 und konstanten l_2 ändert (Tor 2 verschlossen). Dieses Experiment kann auch für den reziproken Fall (Tor 1 verschlossen) durchgeführt werden. Mit dem Differentialquotienten

$$\left(\frac{\partial F_2}{\partial l_2}\right)_{l_1} \tag{4.7}$$

wird die Kraftänderung des Kolben 2, bei Änderung des Kolbenhubes l_2 und verschlossene Tor 1 beschrieben.

▶ **Hauptwirkungen** Hauptwirkungen werden durch Differentialquotienten beschrieben, welche im Zähler und Nenner den Index des zugehörigen Tores enthalten. Die zweite Torgröße wird dabei konstant gehalten.

Nebenwirkungen
Für ein weiteres Experiment sind beide Tore des hydraulischen Systems unverschlossen (Kolben sind frei beweglich). Halten wir am Tor 2 den Weg l_2 konstant und ändern am Tor 1 den Weg l_1, so ändert sich auch die Kraft F_2. Auch der reziproke Fall, die Änderung des Weges l_2 bei konstantem F_1 ist möglich. Dieses Verhalten wird durch die Differentialquotienten

$$\left(\frac{\partial F_1}{\partial l_2}\right)_{l_1} \text{ und } \left(\frac{\partial F_2}{\partial l_1}\right)_{l_2} \tag{4.8}$$

beschrieben. Beide Differentialquotienten (inverse Suszeptibilitäten) koppeln Tor 1 und Tor 2 miteinander.

Nebenwirkungen Nebenwirkungen werden durch Differentialquotienten beschrieben, welche im Zähler und Nenner unterschiedliche Indizes enthalten. Die konstant zu haltende Größe erhält den Index des Zählers. Nebenwirkungen koppeln beide Teilsysteme.

Nebenmaße
Die Kopplung beider Einzelsysteme über die Nebenwirkungen ist in Abb. 4.3 dargestellt. Nach Gl. (2.11) reichen drei Differentialquotienten aus, um das System vollständig zu beschreiben. Dennoch kann es von praktischer Bedeutung sein, weitere Differentialquotienten zu bestimmen. Für eine hydraulische Wegübersetzung bietet sich der Differentialquotient

$$\left(\frac{\partial l_2}{\partial l_1}\right)_{F_2} \tag{4.9}$$

an. Dieser kann durch die Rechenregel des *Einschiebens* aus den schon bestimmten Differentialquotienten gewonnen werden.

$$\left(\frac{\partial l_2}{\partial l_1}\right)_{F_2} = -\left(\frac{\partial l_2}{\partial F_2}\right)_{l_1} \cdot \left(\frac{\partial F_2}{\partial l_1}\right)_{l_2} = -\frac{\chi^{l_2F_2}}{\chi^{l_1F_2}} \tag{4.10}$$

Ist eine hydraulische Kraftübersetzung interessant, bietet sich der Differentialquotient

$$\left(\frac{\partial F_1}{\partial F_2}\right)_{l_1} \tag{4.11}$$

an. Beide Differentialquotienten sind selbst *keine* Suszeptibilitäten, da Suszeptibilitäten nur jeweils Quantitäts- oder Intensitätsgrößen beinhalten können. Beide Differentialquotienten können jedoch auch direkt aus den energetischen Mischformen (siehe Abschn. 2.3.1) gewonnen werden.

$\frac{1}{K^{21}} := \frac{\partial^2 E_M(l_1,F_2)}{\partial F_2 \partial l_1} = \left(\frac{\partial F_1}{\partial F_2}\right)_{l_1}$
$\frac{1}{K^{12}} := \frac{\partial^2 E_M(l_1,F_2)}{\partial l_1 \partial F_2} = \left(\frac{\partial l_2}{\partial l_1}\right)_{F_2}$

Nebenmaße Nebenmaße werden durch Differentialquotienten beschrieben, welche im Zähler und Nenner unterschiedliche Indizes enthalten und dabei selbst keine Suszeptibilitäten darstellen. Die konstant zu haltende Größe erhält den Index des Zählers. Nebenmaße koppeln zwei Teilsysteme.

Rückwirkungen

Zusätzlich zu den Nebenwirkungen ist es oft von Belang, wie das jeweilige andere Tor abgeschlossen wird. Halten wir zum Beispiel l_2 fest, ist es schwerer den Kolben mit l_1 reinzudrücken, als wenn l_2 beweglich ist und nur F_2 konstant gehalten wird.

$$\left(\frac{\partial F_1}{\partial l_1}\right)_{l_2} > \left(\frac{\partial F_1}{\partial l_1}\right)_{F_2} \tag{4.12}$$

4.1.2 Kopplungen über Zweitore

In der Darstellung der Multipole kann das hydraulische System durch ein Zweitor ersetzt werden (Abb. 4.4).

Jedes der beiden Tore ist dabei an ein unabhängiges Teilsystem angeschlossen. Mit der ausschließlichen Verwendung von Intensitätsgrößen (v_1, F_1, v_2, F_2) wird die Forderung erfüllt, nur die Leistungsvariablen der vier Basisgrößen zu ver-

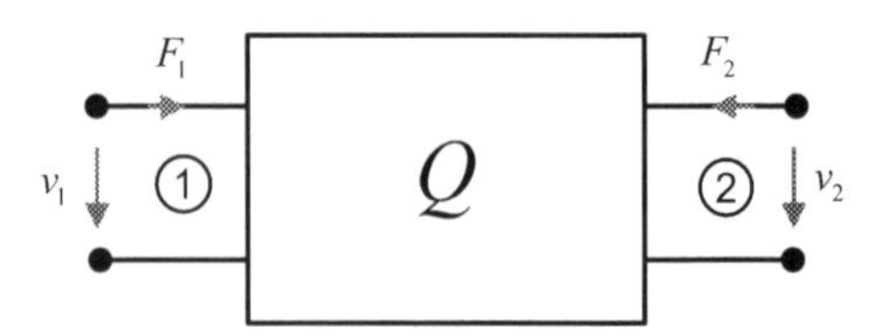

Abb. 4.4 schematische Zweitordarstellung des hydraulischen Systems

wenden. Die Art der Kopplung ergibt sich direkt aus der Verwendung der Leistungsvariablen. Im gezeigten Beispiel (Abb. 4.3) sind an der Kopplung die Variablen l_1, F_1 und l_2, F_2 beteiligt. Doch nur die beiden Kräfte F_1 und F_2 sind Leistungsvariablen. Die beiden Kolbenhübe l_1 und l_2 haben die Eigenschaft von Quantitäten und sind somit keine Leistungsvariablen.

Zwischen den beiden Kräften im hydraulischen System herrscht Proportionalität.

$$F_2 = K_{21} \cdot F_1 \tag{4.13}$$

Somit werden zwei Flussgrößen I_{X1} und I_{X2} proportional miteinander gekoppelt. Diese Kopplung entspricht dem transformatorischen Prinzip und kann über die Hybridmatrix realisiert werden (Abb. 4.5).

$$\begin{aligned} v_1 &= H_{11} \cdot F_1 + H_{12} \cdot v_2 \\ F_2 &= H_{21} \cdot F_1 + H_{22} \cdot v_2 \end{aligned} \tag{4.14}$$

Da Dissipation für eine Kopplung nicht notwendig war, können die beiden dissipativen Elemente aus Gl. (4.14) gestrichen werden.

$$\begin{aligned} v_1 &= H_{12} \cdot v_2 \\ F_2 &= H_{21} \cdot F_2 \end{aligned} \tag{4.15}$$

Eine Kopplung erfolgt ausschließlich über die beiden H-Parameter H_{12} und H_{21} . Da es sich zusätzlich um ein reziprokes System handelt, gilt die Reziprozitätsbeziehung

$$H_{12} = -H_{21}. \tag{4.16}$$

Letztlich wird die Kopplung der Teilsysteme nur durch eine einzige Suszeptibilität verursacht.

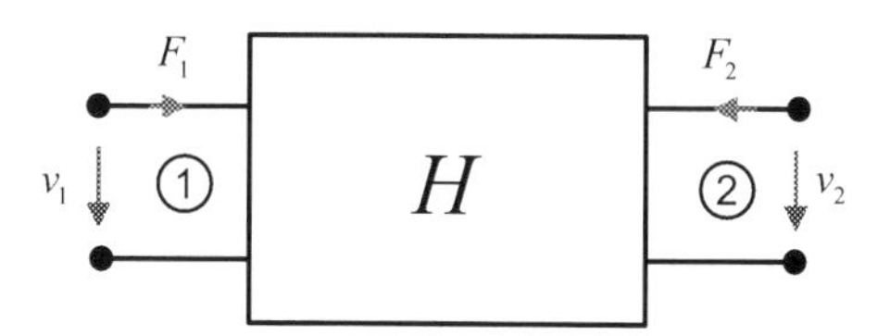

Abb. 4.5 hydraulischen Systems als Zweitor mittel Hybridmatrix

4.1.3 Kopplungsvarianten

Wenn zwei Einzelsysteme ausschließlich über ihre Leistungsvariablen miteinander gekoppelt werden, gibt es genau vier Möglichkeiten einer Kopplung (Abb. 4.6, 4.7).

Die Kopplung der beteiligten Energiespeicher bestimmt eindeutig das zugrunde liegende Wandlerverhalten. Bei vollbesetzten H- oder G-Matrizen können diese gegebenenfalls ineinander umgerechnet werden, doch ohne Dis-

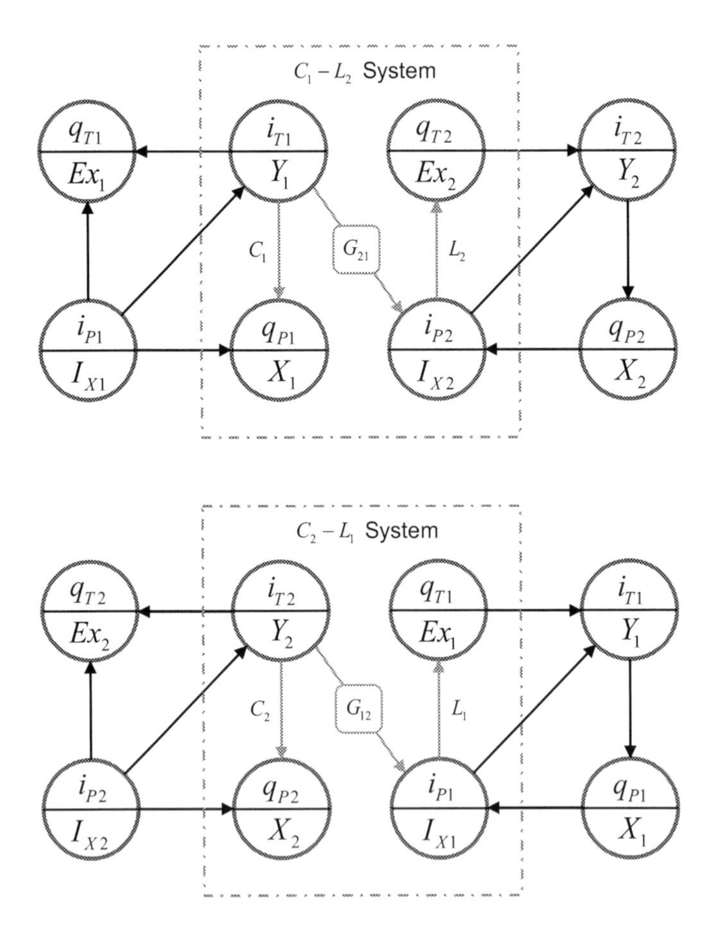

Abb. 4.6 gyratorische Kopplung über G-Matrix

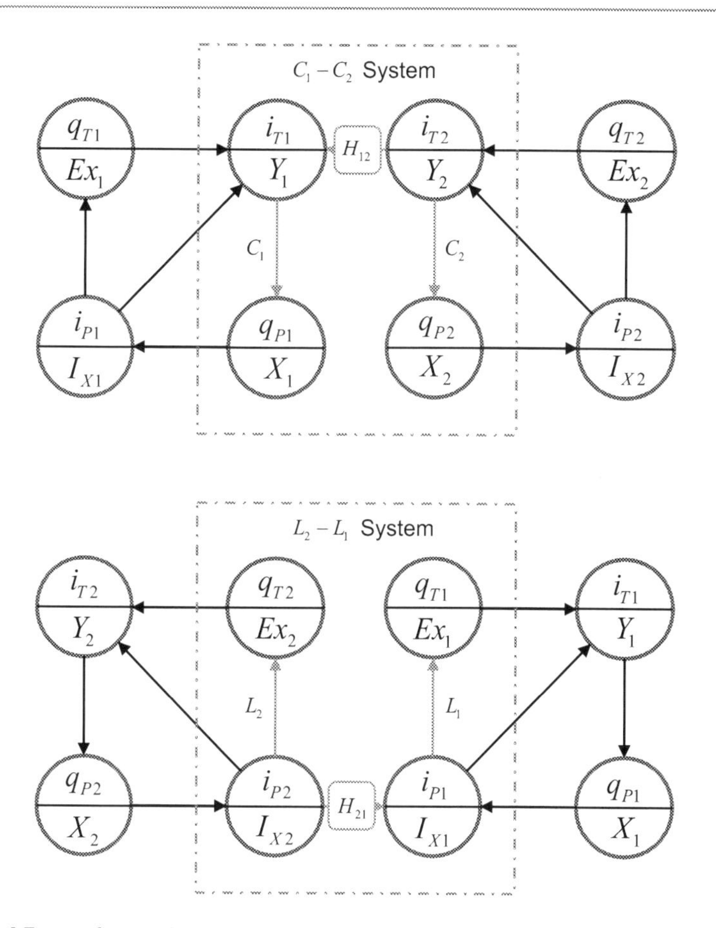

Abb. 4.7 transformatorische Kopplung über H-Matrix

sipation bestimmt das rein physikalische Verhalten des Energieformaustausches das Wandlerprinzip.

Wandlerprinzip Bei gleichartigen Energiespeichern (C_1, C_2) oder (L_1, L_2) erfolgt die Kopplung beider Systeme transformatorisch über die H-Matrix. Bei unterschiedlichen Energiespeichern (C_1, L_2) oder L_1, C_2) erfolgt die Kopplung beider Systeme gyratorisch über die G-Matrix.

4.1.4 Stabilität

Wie wir in den vorangegangenen Kapiteln gesehen haben, erfolgt die Kopplung mehrerer Systeme über einen Energieaustausch zwischen den Systemen. Dabei sind zum einen die jeweiligen Energiespeicher C, L beteiligt (Hauptwirkungen) und zum anderen die Koppelsuszeptibilitäten (Nebenwirkungen). Da für das physikalische Kopplungsprinzip keine Dissipation notwendig ist, stellt sich zwangsläufig die Frage, wann ein gekoppeltes System stabil ist. Zur Veranschaulichung soll eine Parallelschaltung aus den Speicherelementen L und C dienen (Abb. 4.8). Der kapazitive Speicher möge zum System eins gehören und der induktive Speicher zum System zwei.

Ohne Dissipation würde die im Schwingkreis gespeicherte Energie unendlich lange zwischen beiden Speichern hin und her pendeln. Es stellt sich kein statisches Gleichgewicht ein.

Betrachten wir ein zweites System aus zwei unterschiedlich gefüllten Wassertanks, welche über einen Abfluss miteinander verbunden sind (Induktivitäten der Tanks und Rohrleitungen seien vernachlässigt). (Abb. 4.9). Zum Zeitpunkt $t = 0$ wird das Verbindungsventil zwischen den Tanks geöffnet.

Die Energieänderung des Gesamtsystems kann über die Gibbs'sche Fundamentalform ausgedrückt werden.

$$dE = p_1 dV_1 + p_2 dV_2 \tag{4.17}$$

Durch Integration bestimmen wir die Gesamtenergie, wobei C_1 und C_2 die hydraulischen Kapazitäten der beiden Tanks sind.

$$\begin{aligned} E(V_1, V_2) &= \frac{1}{2C_1} V_1^2 + \frac{1}{2C_2} V_2^2 \ldots \text{mit } V_0 = V_1 + V_2 \\ E(V_1, V_2) &= \frac{1}{2C_1} V_1^2 + \frac{1}{2C_2} (V_0 - V_1)^2 \end{aligned} \tag{4.18}$$

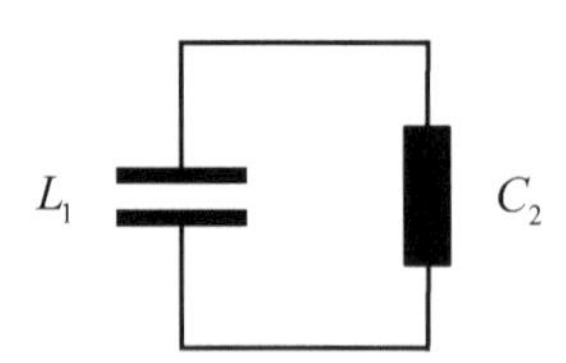

Abb. 4.8 LC-Schwingkreis mit Parallelschaltung beider Speicher

Leitet man die Energie nach einem der Volumina ab und setzt sie null, lässt sich ein Extremwert der Energie bestimmen.

$$\frac{\partial E(V_1, V_2)}{\partial V_1} = p_1(V_1) - p_2(V_0 - V_1) = 0 \tag{4.19}$$

Ein Extremum der Energie ist also mit einem Gleichgewicht (Druckgleichgewicht) identisch.

$$p_1(V_1) = p_2(V_0 - V_1) \tag{4.20}$$

Die Art des Extremums (Maximum, Minimum) wird über die zweite Ableitung ermittelt.

$$\frac{\partial E(V_1, V_2)}{\partial V_1^2} = \frac{1}{C_1} + \frac{1}{C_2} > 0 \tag{4.21}$$

Ist die zweite Ableitung größer als null, handelt es sich um ein Energieminimum. Diese Bedingung ist immer dann erfüllt, wenn beide Tankkapazitäten positiv sind (Abb. 4.9).

Ein solches Extremalprinzip ist in vielen Gebieten der Physik beobachtbar (Kräftegleichgewicht, Momentengleichgewicht, Temperaturgleichgewicht) siehe auch Abb. 4.10.

Bezieht man die Nebenwirkungen in die Gleichgewichtsbetrachtung mit ein, so lässt sich die nachfolgende allgemeine Gleichgewichtsbedingung angeben (Falk 1990).

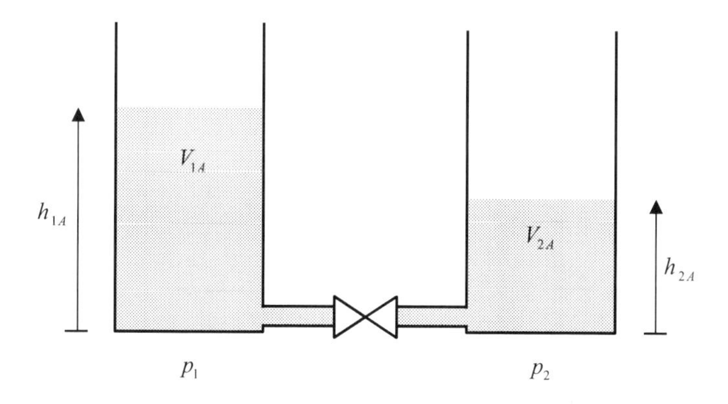

Abb. 4.9 Kopplung zweier Wassertanks

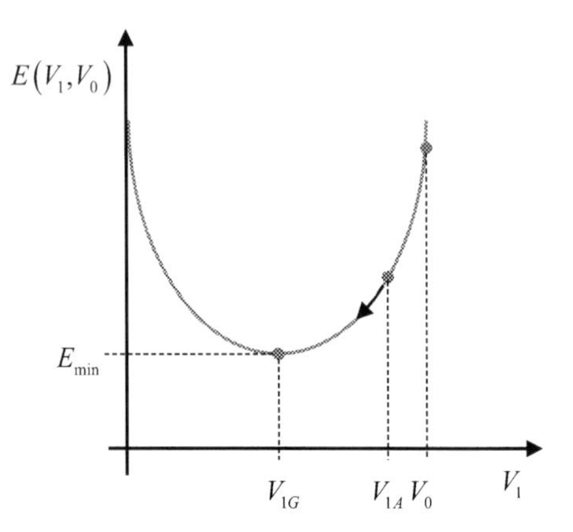

Abb. 4.10 Energieminimum bei Druckgleichgewicht

$$\begin{vmatrix} \frac{\partial^2 E(q_1,q_2)}{\partial q_1^2} & \frac{\partial^2 E(q_1,q_2)}{\partial q_2 q_1} \\ \frac{\partial^2 E(q_1,q_2)}{\partial q_1 q_2} & \frac{\partial^2 E(q_1,q_2)}{\partial q_2^2} \end{vmatrix} > 0$$
$$\frac{\partial^2 E(q_1, q_2)}{\partial q_1^2} \cdot \frac{\partial^2 E(q_1, q_2)}{\partial q_2^2} > 0 \tag{4.22}$$

Da die zweiten Ableitungen der Energie und der Co-Energie im Zusammenhang stehen, (Abschn. 2.3.1)

$$\frac{\partial^2 E(q_1,q_2)}{\partial q^2} \cdot \frac{\partial^2 E_{Co}(i_1,i_2)}{\partial i^2} = 1 \tag{4.23}$$

kann die Stabilität auch mittels Suszeptibilitätsmatrix berechnet werden.

$$\begin{vmatrix} \chi_{11} & \chi_{12} \\ \chi_{21} & \chi_{22} \end{vmatrix} > 0$$
$$\chi_{11} > 0; \; \chi_{22} > 0 \tag{4.24}$$

Stabilität Ein gekoppeltes System ist immer dann stabil, wenn die Gesamtenergie ein Minimum annimmt. Dazu muss die Suszeptibilitätsmatrix positiv definit sein.

4.2 Kopplung über Dissipation

Ordnungskriterien für physikalische Größen führten auf die Gruppe der Primärgrößen X. Dabei nahm die Energie eine Sonderrolle ein (siehe Tab. 1.3). Zunächst sind bei der Energie alle vier Kriterien für Primärgrößen erfüllt.

- E ist eine Quantitätsgröße (abzählbar).
- E ist einem Raumbereich zugeordnet.
- E besitzt eine Dichte (Energiedichte).
- E besitzt einen Strom (Energiestrom I_E).

Somit sollte sich die Energie auch in einem Schema der vier Basisgrößen (Abb. 1.9) abbilden lassen. Da die Energie jedoch auch eine Primärgröße X ist, kann sie nicht gleichzeitig eine Speichergröße sein. Damit stellt sich die Frage nach der zugehörigen Speichergröße sowie den zugeordneten Basisgrößen. Ausgehend von den Gesetzmäßigkeiten der Basisgrößen Gl. (1.14) bis Gl. (1.17) kann für die Energie als Primärgröße der folgende Zusammenhang skizziert werden (Abb. 4.11).

Die Gleichgewichtsbedingungen Gl. (4.22), (4.24) zeigten, dass die Energie im Gleichgewichtszustand einem Minimum zustrebt. Dazu ist ein Energiestrom I_E notwendig. Fließt dieser Energiestrom durch das dissipative Bauelement eines Widerstandes, wird ein Teil dieses Energiestromes dissipiert und als dissipierte Leistung in einen Entropiestrom umgewandelt (Abb. 4.12).

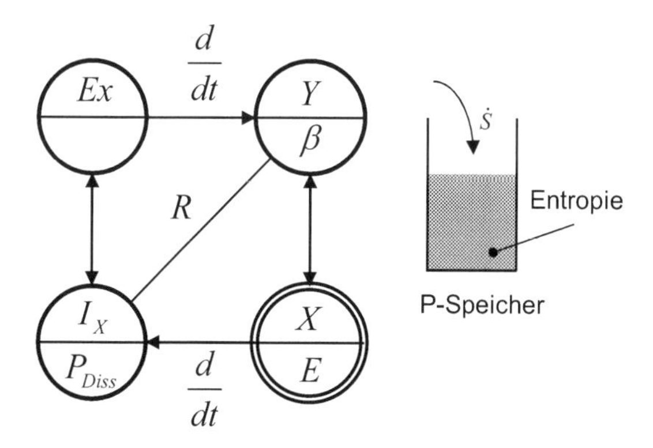

Abb. 4.11 Zusammenhang der energetischen Basisgrößen

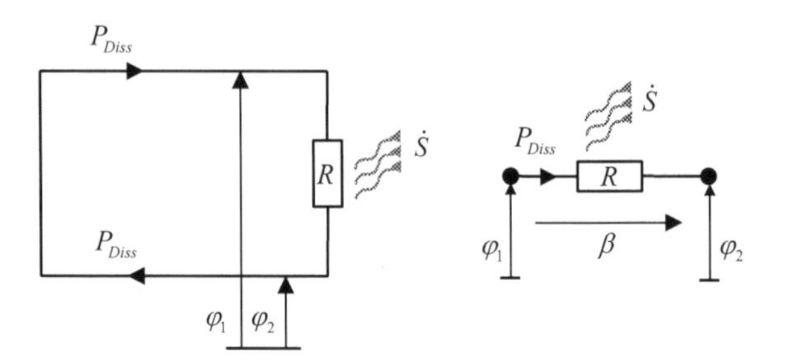

Abb. 4.12 Umwandlung eines Energiestromes in einen Entropiestrom

Der Trägerstrom I_X entspricht also der dissipierten Leistung des Umwandlungsprozesses. Die Potenzialgröße Y entspricht dem Kehrwert der Temperatur und wird meist als β bezeichnet. Damit wird über dem Widerstand ein Entropiestrom erzeugt Gl. (4.25).

$$\dot{S} = P_{Diss}(\varphi_1 - \varphi_2) = P_{Diss} \cdot \beta \tag{4.25}$$

Die Speichergröße (Abb. 4.11) muss also die Entropie sein. Treten dissipative Prozesse auf, kann die Definition der Stabilität erweitert werden.

Stabilität Gekoppelte Systeme mit Dissipation sind immer dann stabil, wenn die Gesamtenergie ein Minimum annimmt. Dabei nimmt die Entropie gleichzeitig ein Maximum an.

Der zweite Hauptsatz der Thermodynamik verhindert, dass die Entropie aus dem Entropiespeicher wieder in Energie umgewandelt wird.

Das Schema nach Abb. 4.11 kann weiter verallgemeinert werden. Dazu werden die beiden neuen Größen verallgemeinerte Kraft $\tilde{F}$ und verallgemeinerter Strom $\tilde{J}$ eingeführt (Abb. 4.13).

Der Entropiestrom ist somit ein Produkt aus verallgemeinerter Kraft und verallgemeinertem Strom Gl. (4.26).

$$\dot{S} = \tilde{F} \cdot \tilde{J} \tag{4.26}$$

Mit dieser Verallgemeinerung kommen wir auf die Frage nach der Kopplung zweier Systeme zurück. Dazu stellen wir zunächst einen linearen Zusammenhang zwischen $\tilde{J}$ und $\tilde{F}$ her (Bauelement R).

$$\tilde{J} \sim \tilde{F} \tag{4.27}$$

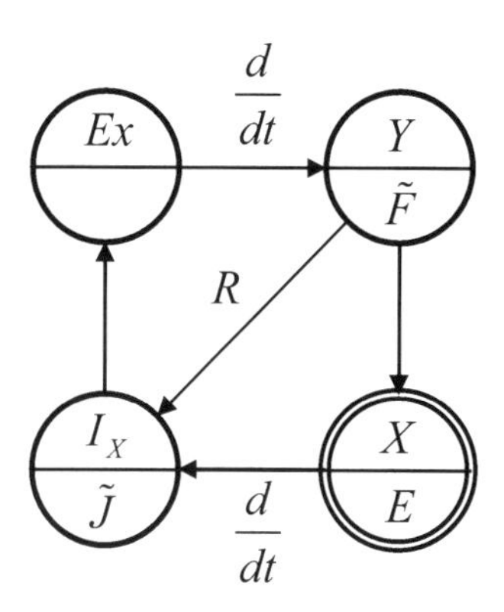

Abb. 4.13 Einführung von verallgemeinerten Kräften und Strömen

Den Proportionalitätsfaktor nennen wir einen linearen Transportkoeffizienten L ($L = 1/R$).

$$\tilde{J} = L \cdot \tilde{F} \tag{4.28}$$

Für die Kopplung von k Einzelsystemen gilt weiterhin das Superpositionsprinzip der Einzelströme.

$$\tilde{J}_k = \sum_i L_{ki} \cdot \tilde{F}_i \tag{4.29}$$

k – Anzahl der Einzelsysteme
i – Anzahl der Teilströme
Weiterhin erzeugen die verallgemeinerte Kraft und der verallgemeinerte Strom einen Entropiestrom Gl. (4.30).

$$\begin{aligned} \dot{S} &= \tilde{F} \cdot \tilde{J} \\ \dot{S} &= \Sigma_K \dot{S_K};\ \dot{S} = \Sigma_K F_K \cdot J_K \end{aligned} \tag{4.30}$$

Kombiniert man das Superpositionsprinzip Gl. (4.29) mit dem resistiven Gesetz Gl. (4.28), so kann ein Gesamtentropiestrom Gl. (4.31) angegeben werden.

$$\dot{S} = \sum_k \sum_i L_{ki} \cdot \tilde{F}_i \cdot \tilde{F}_k \tag{4.31}$$

Beispiel: Kopplung von zwei dissipativen Systemen

Zwei dissipative Systeme ($k = 2$) werden miteinander gekoppelt. Damit summieren sich in jedem Einzelsystem jeweils zwei Ströme ($i = 2$) auf.

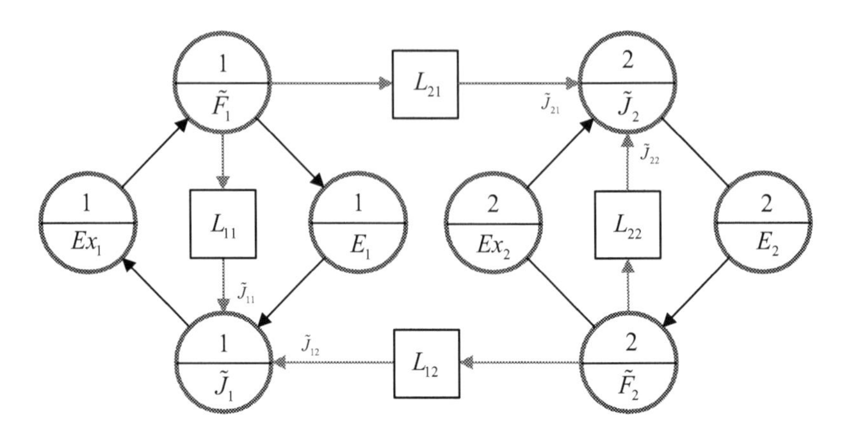

Abb. 4.14 gyratorisches Wandlerprinzip dissipativ gekoppelter Systeme

$$
\begin{aligned}
\tilde{J}_1 &= \tilde{J}_{11} + \tilde{J}_{12} = L_{11}\tilde{F}_1 + L_{12}\tilde{F}_2 \\
\tilde{J}_2 &= \tilde{J}_{21} + \tilde{J}_{22} = L_{21}\tilde{F}_1 + L_{22}\tilde{F}_2 \\
\dot{S} &= L_{11}\tilde{F}_1\tilde{F}_1 + L_{12}\tilde{F}_1\tilde{F}_2 + L_{21}\tilde{F}_2\tilde{F}_1 + L_{22}\tilde{F}_2\tilde{F}_2 \\
\dot{S} &= \dot{S}_{11} + \dot{S}_{12} + \dot{S}_{21} + \dot{S}_{22} \\
\dot{S} &= \underbrace{\left(\tilde{J}_{11} + \tilde{J}_{12}\right)\tilde{F}_1}_{System1} + \underbrace{\left(\tilde{J}_{21} + \tilde{J}_{22}\right)\tilde{F}_2}_{System2}
\end{aligned}
\tag{4.32}
$$

Die verallgemeinerten Teilströme $\tilde{J}_{11}$, $\tilde{J}_{12}$, $\tilde{J}_{21}$, und $\tilde{J}_{22}$ lassen sich über das gyratorische Wandlerprinzip zweier Teilsysteme grafisch darstellen (Abb. 4.14). ◀

Diese verallgemeinerte Darstellung eines gyratorischen Wandlers kann auf die im Kap. 1 skizzierten physikalischen Teilsysteme rückgeführt werden (Tab. 4.1).

Wie Tab. 4.1 zeigt, ist die Zuordnung zu den verallgemeinerten Strömen und Kräften jedoch nicht eindeutig. Es sind jeweils zwei Zuordnung möglich. Es benötigt ein weiteres Kriterium, um verallgemeinerte Kräfte und Ströme zu unterscheiden.

Das Produkt aus I_X und Y ist die Leistung P. Diese Leistung ist bei einem passiven dissipativen Element für alle Zeiten $t > 0$ positiv. Um das Vorzeichen der Leistung zu wechseln, kann immer nur ein Faktor im Leistungsprodukt sein

Tab. 4.1 Vergleich allgemeinenergetischer und physikalischer Teilsysteme

Energievariable	Allgemeinenergetisches System	Physikalische Teilsysteme	
Verallgem. Ströme	$\tilde{J} = \frac{d}{dt}E$	$I_X = \frac{d}{dt}X$	$Y = \frac{d}{dt}Ex$
Verallgem. Kräfte	$\tilde{F} = \frac{\partial S}{\partial E}$	$Y = \frac{\partial E_P}{\partial X}$	$I_X = \frac{\partial E_T}{\partial Ex}$

Vorzeichen ändern. Daraus kann die Definition für eine eindeutige Zuordnung der verallgemeinerten Kräfte und verallgemeinerten Ströme abgeleitet werden.

verallgemeinerter Strom Kann bei einem Leistungsprodukt ein Faktor sein Vorzeichen bei Zeitumkehr ändern, so nennt man diesen Faktor den verallgemeinerten Strom F.

$\forall t > 0; P > 0$
$\forall t < 0; P < 0$

Wie diese Zuordnungen in Tab. 4.2 bzw. Abb. 4.14 zeigen, sind alle Wandler, welche darauf basieren, dass die Kopplung über Dissipation erfolgt, Gyratoren.

Die linearen Transportkoeffizienten L_{11}, L_{12}, L_{21} und L_{22} haben die Einheit von Leitwerten G. Da die Kopplung immer darauf basiert, dass die beiden dissipativen Elemente L_{11} (G_{11}) und L_{22} (G_{22}) existieren, ist die entsprechende Leitwertsmatrix G voll besetzt.

$$G = \begin{bmatrix} G_{11} & G_{12} \\ G_{21} & G_{22} \end{bmatrix} \tag{4.33}$$

Somit kann die Leitwertsmatrix auch in eine Hybridmatrix umgerechnet werden.

Tab. 4.2 Beispiele möglicher Zuordnungen für verallgemeinerte Kräfte und Ströme

Teilgebiet	Leistung	Bedingung	Variablen
Strömungsmechanik	$P = \Delta p \cdot \dot{V}$	$\forall t > 0; P > 0$	$J = \dot{V} = I_X$
	$-P = \Delta p \cdot (-\dot{V})$	$\forall t < 0; P < 0$	$F = \Delta p = Y$
Thermodynamik	$P = \Delta \mathrm{T} \cdot \dot{S}$	$\forall t > 0; P > 0$	$J = \dot{S} = I_X$
	$-P = \Delta \mathrm{T} \cdot (-\dot{S})$	$\forall t < 0; P < 0$	$F = \Delta \mathrm{T} = Y$
Elektrotechnik	$P = \mathrm{U} \cdot I$	$\forall t > 0; P > 0$	$J = I = I_X$
	$-P = \mathrm{U} \cdot (-I)$	$\forall t < 0; P < 0$	$F = \mathrm{U} = Y$

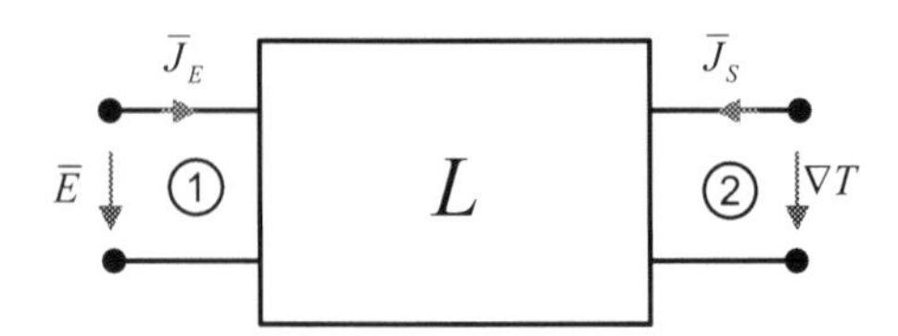

Abb. 4.15 Zweitormodell eines thermoelektrischen Wandlers

$$H = \frac{1}{G_{11}} \begin{bmatrix} 1 & -G_{12} \\ G_{21} & detG \end{bmatrix} \tag{4.34}$$

Das grundlegende Wandlerprinzip bleibt jedoch, obwohl die Leitwertsmatrix prinzipiell umgerechnet werden kann, ein Gyrator. Wie auch bei der nicht-dissipativen Kopplung basiert das gyroskopische Wandlerprinzip dissipativer Systeme auf der Reziprozitätsrelation. Das bedeutet für die Matrix der linearen Transportkoeffizienten $L_{12} = L_{21}$.

Diese Eigenschaft wird auch als ONSAGER'sches Reziprozitätsprinzip (Onsager 1930) bezeichnet und wurde 1968 mit dem Nobelpreis für Chemie gewürdigt.

Oft ist eine Darstellung der Transportkoeffizienten als Hybridmatrix anschaulicher als die zugehörige Leitwertsmatrix. Ohne ausführliche Herleitung sei diese Aussage am Beispiel eines thermoelektrischen Wandlers kurz skizziert.

Beispiel: Thermoelektrischer Wandler

Gegeben sei ein thermoelektrischer Wandler in Form eines Peltier-Elementes (Abb. 4.15). Die Transportkoeffizienten für den gyratorischen Wandler werden jeweils über den Leerlauf- und Kurzschlussversuch ermittelt (Tab. 4.3).

Tab. 4.3 Transportkoeffizienten für einen thermoelektrischen Wandler

Versuch	Bedingung	Gleichung	Koeffizient
Ausgangskurzschluss	$\nabla T = 0$	$\overline{J}_e = L_{11}\overline{E}$	$L_{11} = \sigma_E$
Eingangsleerlauf	$\overline{J}_e = \overline{0}$	$\overline{0} = L_{11}\overline{E} + L_{12}\nabla T$ $\overline{E} = -\frac{L_{12}}{L_{11}}\nabla T = S_e\nabla T$	$L_{12} = -\sigma_E S_e$
Onsager-Relation	$L_{21} = L_{12}$		$L_{21} = -\sigma_E S_e$
Fourier'sches Gesetz	$\overline{J}_S = -\frac{\lambda}{T}\nabla T$	$\overline{J}_S = L_{21}\overline{E} + L_{22}\nabla T$	$L_{22} = \frac{\lambda}{T} + \sigma_E S_e^2$

Mit den so ermittelten Transportkoeffizienten lässt sich der gyratorische Wandler in einer lokalen Feldformulierung (siehe Abschn. 1.7) in Matrixschreibweise darstellen (Gl. 1.9).

$$\begin{bmatrix} \bar{J}_e \\ \bar{J}_S \end{bmatrix} = \begin{bmatrix} L_{11} & L_{12} \\ L_{21} & L_{22} \end{bmatrix} \cdot \begin{bmatrix} \bar{E} \\ \nabla T \end{bmatrix} \tag{4.35}$$

Um auf ein globales Basissystem überzugehen, werden die beiden Bezugsgrößen lokale Fläche A_L und lokale Länge s_L eingeführt und Gl. (4.35) mit dem Quotienten A_L/s_L erweitert Gl. (4.36).

$$\begin{bmatrix} I_{el} \\ \dot{S} \end{bmatrix} = \begin{bmatrix} G_{11} & G_{12} \\ G_{21} & G_{22} \end{bmatrix} \cdot \begin{bmatrix} U_{el} \\ \Delta T \end{bmatrix} \tag{4.36}$$

Die so berechneten Koeffizienten der Leitwertsmatrix sind für den praktischen Gebrauch sehr unübersichtlich. Die Verwendung der Hybridmatrix H bei den globalen Grundgrößen des thermoelektrischen Wandlers vereinfacht die Interpretation einer dissipativen Kopplung Gl. (4.37). Beteiligt sind jeweils nur die dissipativen Bauelemente elektrischer- und thermischer Widerstand sowie die Kopplung beider Systeme über den Seebeck-Effekt.

$$\begin{bmatrix} U_{el} \\ \dot{S} \end{bmatrix} = \underbrace{\begin{bmatrix} R_{el} & S_e \\ -S_e & \frac{1}{R_T} \end{bmatrix}}_{H} \cdot \begin{bmatrix} I_{el} \\ \Delta T \end{bmatrix} \tag{4.37}$$

Eine Tabelle aller möglichen Kopplungen dissipativer Systeme kann (Stierstadt 2020) entnommen werden. Viele dieser Effekte sind noch wenig erforscht und haben keine eigene Bezeichnung. ◀

Was Sie aus diesem *essential* mitnehmen können

- Mechatronische Systeme bestehen aus unabhängigen Einzelsystemen, welche über die Methode der Multipole miteinander gekoppelt werden.
- Jede physikalische Größe kann in zwei Kategorien aufgeteilt werden (Quantität und Intensität).
- Physikalische Größen mit Quantitäts- und Stoffeigenschaften bilden Primärgrößen eines jeweiligen Basissystems.
- Multipole eignen sich sowohl zur Abbildung der vier Grundbauelemente als auch zur Kopplung von Basissystemen.
- Kopplungsmechanismen beruhen entweder auf Suszeptibilitäten (Response Funktionen) oder auf dissipativen Prozessen.

J. Grabow, *Multipole - Modellbildung technischer Systeme,* essentials,
https://doi.org/10.1007/978-3-662-67289-1

Literatur

Chua, L. (1971). Memristor-The Missing Circuit Element. *IEEE Transactions on circuit theory, Vol. CT-18, No. 5*

Falk, G. (1990). *Physik – Zahl und Realität. Die begrifflichen Grundlagen einer universellen quantitativen Naturbeschreibung.* Birkhäuser Verlag Basel - Boston – Berlin

Falk, G. & Ruppel, W. (1976). *Energie und Entropie. Eine Einführung in die Thermodynamik.* Springer-Verlag Berlin Heidelberg

Gibbs, J. W. (1902). *Elementary Principles of Statistical Mechanics. Developed with Especial Reference to the Rational Foundation of Thermodynamics.* Charles Scribner's sons; London: Edward Arnold

Grabow, J. (2013). *Verallgemeinerte Netzwerke in der Mechatronik.* Oldenbourg Wissenschaftsverlag GmbH.

Grabow, J. (2018). *Mechatronische Netzwerke, Praxis und Anwendungen.* (1. Aufl.). Walter de Gruyter GmbH, Berlin/Boston

Hermann, F. (2018). Zur Formulierung von Erhaltungs- und Nichterhaltungssätzen. *MNU Journal, Ausgabe 3.2018 (Seite 201), Verlag Klaus Seeberger, Neuss*

Job, G. (1970).Zur Vereinfachung thermodynamischer Rechnungen. Das „Stürzen“ einer partiellen Ableitung. *Zeitschrift für Naturforschung 25 A, 1502–1508*

Job, G. (1972). *Neudarstellung der Wärmelehre – Die Entropie als Wärme.* Akademische Verlagsgesellschaft

Kant, I. (1781). *Critik der reinen Vernunft.* Riga, verlegt Johann Friedrich Hartknoch

Onsager, L. (1930). Reciprocal Relations in Irreversible Processes. I. *Phys. Rev. 37, 405 – Published 15 February 1931*

Richtlinie VDI/VDE 2206:2021-11. *Entwicklung mechatronischer und cyber-physischer Systeme.* Berlin: Beuth, 2021

Stierstadt, K. (2020). *Die Eigenschaften der Stoffe: Suszeptibilitäten und Transportkoeffizienten. Ein Überblick über die Definitionen in der Thermodynamik.* essential, Springer, Berlin

Strunk, C. (2015). *Moderne Thermodynamik – Von einfachen Systemen zu Nanostrukturen.* Walter de Gruyter GmbH, Berlin/Boston

J. Grabow, *Multipole - Modellbildung technischer Systeme,* essentials,
https://doi.org/10.1007/978-3-662-67289-1

Printed in the United States
by Baker & Taylor Publisher Services